Egon Binder

Bauern- und Wetterregeln

3. aktualisierte Auflage

55 Kupfer- und Holzschnitte

Ulmer

Vorwort

Alles dreht sich ums Wetter – gestern, heute und sicher auch morgen! Die Wetterkarten der Fernsehsender verzeichnen höhere Einschaltquoten als alle anderen Sendungen.

Doch wie orientierten sich die Menschen früher über das Wetter? Mein Großvater konnte sich keiner Wettervorhersage vom Fernsehgerät bedienen, denn öffentliches Fernsehen gibt es in Deutschland erst seit dem 25. Dezember 1952. Er verließ sich deshalb allein auf sein Gespür für Wind und Wolken, Mond und Sterne, seine Erfahrungen aus vielen Sommern und Wintern – und natürlich auf eine Vielzahl der ihm von seinen Altvordern überlieferten Bauern- und Wetterregeln, die er selbst auf deren Treffsicherheit hin ein langes Leben lang verfolgte.

Sicher hat er mal dort und mal da daneben gegriffen, doch in der Regel klappte alles nach seiner altväterlichen Erfahrung.

Es lohnt sich allemal, die alten Bauern- und Wetterregeln nicht achtlos beiseite zu schieben, selbst wenn sie sich vielfach widersprechen. In vielen von ihnen ist der Erfahrungsschatz zahlreicher Generationen festgehalten, die selbst langfristige Voraussagen oft bis zu 70 % rechtfertigen.

Wer mit den Jahreszeiten lebt und schließlich feststellt, dass gerade das Wetter in Mitteleuropa wohl das schönste der ganzen Welt ist, der wird nicht umhin können, das Wetter in Einklang mit seinem Leben zu bringen.

Grafenau, im Winter 2008
Egon M. Binder

Inhalt

Wetter-
beobachtung
früher
und heute

Geschichtliche Entwicklung des Kalenders

Außer der Bibel gab es in den ländlichen Haushalten einst nur ein Druckwerk, den Hauskalender, der neben dem aktuellen Kalendarium über Sonnen- und Mondstand, Namenstage, Trächtigkeitsdauer des Viehs, Viehmärkte und allem voran über Wetterweisheiten und den hundertjährigen Kalender informierte. Diese Kalender waren nach Regionen unterschiedlich gestaltet, da ja die Winzer andere Interessen hatten als etwa die Viehzüchter in Oberbayern und im Allgäu.

Der Mensch hat die Zeit bereits von Anbeginn an vom Himmel abgelesen, richtete sich nach dem Lauf von Sonne und Mond. Als eine Vorform des heutigen Kalenders gelten so genannte Kalenderstäbe und Runenkalender, die seit dem 15. Jahrhundert in Deutschland, England sowie in Skandinavien nachgewiesen werden. Wohl viel älter dürften jedoch die handschriftlichen Kalendertafeln der Geistlichen und Gelehrten des Mittelalters sein, die ihnen zu astronomischen wie meteorologischen Beobachtungen als Hilfsmittel dienten.

Das erste Kalenderbuch wurde von den Römern entwickelt: der frühchristliche **Chronograph** des Jahres 354. Er galt für den Bereich der Stadt Rom und enthielt unter anderem astronomisch-astrologische Tabellen, Ostertafeln, die Geburts- und Todestage von Kaisern und Päpsten sowie eine Aufstellung kirchlicher Feste. Er wurde damit zum Vorbild aller späteren Kalendarien wie dem im „Hortus delicarium“ der Äbtissin Herrad von Landsperg überlieferten **„Immerwährenden Kalender“**, der neben dem Verzeichnis der Tage und Monate auch den 19-jährigen Osterzyklus brachte.

Der Durchbruch des Kalenders gelang aber erst nach der Erfindung der Buchdruckerkunst durch Johannes Gutenberg, der bereits 1455 in seiner Werkstatt einen Türkenkalender druckte.

Mit der Verbreitung der Druckkunst wurde der Jahreskalender sozusagen zum Bestseller. Er gab neben den Ratschlägen zum Wetter auch Hinweise, wann man sich am besten „zur Ader lassen“ sollte, wie die Lostage, also Glücks- und Unglückstage, fielen und was der Bauer wann zu tun hatte. Doch neben all dem wichtigen Wissen fand sich in diesen Jahreskalendern auch viel zeitgenössischer Aberglaube, weshalb in der Zeit der Aufklärung diese Druckwerke auch als „Bibeln des Aberglaubens“ bezeichnet wurden.

Doch dies konnte der Nachfrage nach solchen Volks-, Haus-, Heimat-, Bauern-, Arbeiter-, Winzer- und Missionskalendern bis zum heutigen Tage keinen Abbruch tun. Vor allem viele regionale Zeitungsverlage, Heimatbuchverleger, Bauernverbände und religiöse Institutionen haben sich diesem Erbe angenommen und produzieren alter Tradition entsprechend Jahr für Jahr Kalenderwerke, die seit dem 17. Jahrhundert auch mit Geschichten, Gedichten, Berichten aus aller Welt angereichert sind. Der im

Jahre 1801 gegründete „Lahrer Hinkende Bote – neuer historscher Kalender für den Bürger und Landmann“ aus dem württembergischen Lahr ist nur ein Beispiel dafür, dass gerade diese seit dem 16. Jahrhundert existierenden Volkskalender für äußerst glaubwürdig gehalten wurden. Die allegorische Bezeichnung „hinkender Bote“ rührt daher, dass deren Nachrichten zwar erst spät beim Leser eintrafen, dafür jedoch für zuverlässiger gehalten wurden als die Neuigkeiten, die die „schnellen Postreiter“ verbreiteten. Die Titelbilder dieser Kalender schmückte häufig ein Bauer in seiner Tracht, der einen Klumpfuß hatte, also ein recht langsamer Nachrichtenübermittler war, dafür aber ein zuverlässiger.

Typische Szene einer Druckerei aus der Frühzeit des Buchdrucks

Doch bis der Kalender so richtig funktionierte, gab es einige Schwierigkeiten, denn bereits die ägyptischen Priester entdeckten bei ihren Himmelsbeobachtungen am Siriusaufgang, dass das Jahr 365 $^1/_4$ Tage dauert. Das bereitete selbst den Weisen großes Kopfzerbrechen bei der genauen Jahreseinteilung, denn der Mond braucht zu seinem Lauf um die Erde genau 29,5306 Tage, und die Erde bewegt sich in exakt 365,2422 Tagen einmal um die Sonne.

Niemand kann daher einen echten **„immerwährenden Kalender“** verwirklichen, bei dem etwa 30 Tage einen Mondlauf ergeben, und zwölf Mondläufe ein Jahr ausmachen. Dann würde nämlich schon nach 26 Jahren die tatsächliche Wintersonnenwende im Mai stattfinden.

In Griechenland war ein Kalender üblich, in dem die zwölf Monate abwechselnd 29 und 30 Tage lang waren. Dieser Kalender ging im Laufe der Zeit dermaßen falsch, dass alle drei Jahre ein zusätzlicher Monat eingeschaltet werden musste. Die Juden dagegen benutzten ein gebundenes Mondjahr, das wechselweise zwölf Monate mit 353, 354 oder 355 Tagen oder 13 Monate mit 383, 384 oder 385 Tagen umfasste.

Julius Cäsar wurde dieses überaus komplizierte Kalendarium, das sich so gut wie keiner merken konnte, schließlich zu bunt. Er übernahm kurzerhand den Kalender der alten Ägypter, der bereits die Einfügung eines Schalttages in den durch vier teilbaren Jahren kannte, wodurch der **julianische Kalender** geschaffen war.

Doch damit war die Kalendertüftelei noch längst nicht am Ende, da leider auch der julianische Kalender eine kleine Schwäche hatte: Das mit 365 1/4 Tagen berechnete Jahr war um genau 11 Minuten und 14 Sekunden zu lang.

Nachdem sich seit der Einführung des julianischen Kalenders im Jahre 46 vor Christus bereits ein Fehler von zehn Tagen eingeschlichen hatte, gelang Papst Gregor XIII. schließlich eine weitere Reform, als er am 4. Oktober 1582 die Zeit gleich auf den 15. Oktober vorschnellen ließ. Der Frühlingsanfang jedes Jahres wurde auf den 21. März gelegt. Und damit weitere Ungenauigkeiten vermieden werden, ist seitdem jedes durch 100 teilbare Jahr, das ja eigentlich ein Schaltjahr wäre, kein solches – ausgenommen jene durch 400 teilbaren. So war das Jahr 1600 eines dieser besonderen Schaltjahre, das darauf folgende das Jahr 2000.

Doch dieser **gregorianische Kalender** wollte wiederum den Protestanten nicht gefallen, stammte er doch von dem ihnen verhassten Papst und Gegenspieler, weshalb sie den gregorianischen Kalender als „Machwerk des Antichristen und Feind unseres Herrn und Heilands“ verteufelten. So war es auch kein Wunder, dass sich die Bevölkerung in den evangelischen Städten und Gegenden erst hundert Jahre später zur Annahme des „verbesserten Kalenders“ entschließen konnte. Am 18. Februar musste sie dann jedoch gleich einen Datumssprung zum 1. März machen.

Die orthodoxen Gläubigen ließen sich zur Annahme des gregorianischen Kalenders noch mehr Zeit: Russland bis 1918, Griechenland bis 1923 und Rumänien schließlich sogar bis zum Jahre 1925.

In der Gegenwart wird von verschiedenen Organisationen eine weitere Kalenderreform diskutiert, heißt es in der neuesten Ausgabe der Brockhaus-Enzyklopädie, obwohl praktisch kaum Aussicht besteht, sie in der nächsten Zeit zu verwirklichen. Es fordern dies die „World Calendar Association“ wie auch die Kommission der Vereinten Nationen beziehungsweise der UNESCO. Ebenso hat die katholische Kirche auf dem Zweiten Vatikanischen Konzil einer Kalenderreform zugestimmt, die das stete Schwanken des Osterfestes beseitigen soll.

Wetterforschung und Wetterbeobachtung

Die Urahnen holten sich den Wetterbericht direkt aus der Natur

Es ist vor allem die Abhängigkeit von Sonne, Regen und Wind, die alle Kulturen von Anbeginn dazu zwangen, sich Tag für Tag mit dem Wetter auseinanderzusetzen. Das Wetter entschied damals und entscheidet auch heute noch über eine gute oder schlechte Ernte, Gedeih und Verderb ganzer Landstriche und damit über das wirtschaftliche Fortkommen. In Zeiten, in denen noch keine Wetterschiffe auf den Ozeanen zu finden waren, das Netz der Wetterstationen gänzlich fehlte und man an Wettersatelliten noch gar nicht denken konnte, verstand man es aber dennoch, die Geheimnisse des Wetters zu enträtseln. Am Stand von Sonne, Mond und Sternen, am Bild der Wolken, an der Heftigkeit des Windes sowie am Verhalten von Tieren und Pflanzen las man die Vorzeichen des künftigen Wetters ab und stellte darauf sein Tun und Handeln ein.

Natürlich vermischten sich solche Erfahrungen oftmals mit mythologisch geprägtem Aberglauben, der in manchen Bauern- und Wetterregeln bis zum heutigen Tage überliefert ist. In dem vor 2000 Jahre vor Christus entstandenen babylonischen Weltschöpfungsgedicht ebenso wie in dem 2600 Jahre vor Christus entstandenen Gilgamesch-Epos ist bereits der Wetteraberglaube zu finden, der die Menschen dank der Überlieferung von Generation zu Generation über 3000 Jahre hinweg beschäftigte. Darin zu finden ist unter anderem, dass vor allem die ersten zwölf Tage eines neuen Jahres für die Witterung der nächsten zwölf Monate entscheidend sein sollen.

Unabhängig davon spricht auch die Mythologie der alten Germanen den „Zwölf Nächten“ vom Weihnachtsfest bis hin zum Dreikönigstag gar geheimnisvolle Kräfte zu, die das Wetter des neuen Jahres beeinflussen, wenn sogar nicht gänzlich bestimmen sollen. Überliefert wird dies durch eine alte Bauernregel:
„Wie sich die Witterung vom Christtag bis Heilig Dreikönig verhält, so ist es das ganze Jahr bestellt“.

Doch neben diesem mythologischen Blick in die Zukunft des Wetters war es vor allem die Natur, an denen man Wetterveränderungen vorzeitig erkannte. So gilt auch heute noch der tiefe Flug der Schwalben als untrügliches Vorzeichen für Regenwetter, wie es auch nach Morgenrot (*„Morgenrot – Schönwettertod“*) angesagt ist, um nur wenige Beispiele zu nennen. Auch wenn das Vieh auf der Weide auffallend oft nach Luft schnappte, Katzen ständig gähnten und Gänse häufiger nur auf einem Fuß standen, Füchse bellten und die Möwen unruhig über das Meer dem Festland zuflogen und sich dort versammelten, galt dies als Zeichen für eine nahende Regenfront. Für den Gärtner ebenfalls gut zu wissen: „*Wenn die Gartenschnecken kriechen auf Beeten und Wegen, so folgt Gewitterregen*".

Als Wettermelder erweisen sich aber auch Pflanzen. So rollen die Wetterdistel und der Klee bei einem nahenden Gewitter die Blätter zusammen.

Erste Sammlungen niedergeschriebener Wetterregeln

Systematische Wetteraufzeichnungen und deren Auslegung für die Wetterbeobachtung kannten bereits im 4. Jahrhundert vor Christus die Inder. Und auch von den Griechen ist überliefert, dass sie bereits im ersten Jahrhundert vor Christus Aufzeichnungen über Niederschlagsmengen und die Häufigkeit des Wechsels der Windrichtungen machten. Aus England dagegen sind aus den Jahren 1237 bis 1344 die ältesten tagebuchartig geführten Wetterdaten bekannt. Als ältestes in deutscher Sprache geschriebenes meteorologisches Druckwerk gilt das „Wetterbüchlein" von Reymann, das im Jahre 1505 erschienen ist und ebenfalls bereits eine reiche Fülle von Wettersprüchen überliefert. Bekannt ist ein Schatz von über 6000 solcher Volksweisheiten.

Doch Hinweise auf die bereits vor der Jahrtausendwende vorhandenen, feststehenden Wetterregeln sind auch in dem in lateinischer Sprache geschriebenen Buch „Über die Beschaffenheit des Windes" von Albertus Magnus, der von 1193 bis 1280 lebte, zu finden. Er erkundete bereits damals die Vorauskenntnisse der Bauern über das Wetter.

Acht Jahre nach der Einführung des gregorianischen Kalenders (siehe Seite 8) machte der Astrologe Johannes Rasch im Jahre 1591 durch seine Bauernregeln mit dem Titel „New Loßtäg" auf sich aufmerksam. Ein Jahr später ließ der Prediger Johannes Colerus eine weitaus größere Sammlung von Wetter- und Bauernregeln in seinem von ihm herausgegebenen „Calendarium oeconomicum et perpetuum" drucken.

Ein gewissenhafter Wetteraufzeichner und bis heute wohl der bekannteste Wetterforscher des 17. Jahrhunderts war der Abt Moritz Knauer (1612–1664), der den auch heute noch gebräuchlichen hundertjährigen Kalender (siehe auch Seite 11) schuf.

Die ältesten in Deutschland praktizierten instrumentellen meteorologischen Wetteraufzeichnungen werden dem Kieler Professor S. Reyer (1679–1714) zugeschrieben, nachdem Torricelli im Jahre 1643 den Luftdruckmesser (Barometer) erfunden hatte.

Bis in die dreißiger Jahre dieses Jahrhunderts waren die Menschen bei der Wetterforschung und damit auch bei Wettervoraussagen allein auf ihr Geschick angewiesen. Zudem fehlte es bis dahin größtenteils auch an den Möglichkeiten einer aktuellen Verbreitung der Wetterdaten durch Zeitungen und Rundfunk, da zum Beispiel in ländlichen Gebieten in diesen Jahren teils nur dreimal wöchentlich eine Zeitung erschien und der Rundfunk sich erst mit der Einführung des „Volksempfängers" während des Dritten Reiches durchsetzte. Einige Dörfer in abgelegenen Regionen wie zum Beispiel im Bayerischen Wald wurden teilweise erst zu

Beginn der vierziger Jahre an ein öffentliches Stromnetz angeschlossen. Die letzten Einöden konnten sich zuweilen erst zu Beginn der fünfziger Jahre über eine „Lichtfeier“, das heißt über eine Elektrifizierung ihrer Häuser, freuen.

Der Umgang mit der Natur brachte den auf dem Lande lebenden Menschen gegenüber den Städtern einen großen Vorteil. Aus der Not eine Tugend machend, wurden sie zu ihren eigenen Wetterpropheten, selbst wenn sie sich nur an der Natur orientieren konnten. Da sich viele von ihnen das bereits im Jahre 1592 von Galilei erfundene Thermometer beziehungsweise das von Torricelli im Jahre 1643 entwickelte Barometer nicht leisten konnten, galt der Wetterhahn auf Kirche oder Rathaus als einziges technisches Hilfsmittel der Wettervorausschau. Blickte nämlich der Wetterhahn gen Osten, war gutes Wetter zu erwarten, zeigte er aber mit dem Schnabel nach Westen, dann war man auf Regen gefasst.

Der hundertjährige Kalender

Früher durfte er in keinem Haushalt fehlen: Der „hundertjährige Kalender“, der mit seiner Voraussage Wetterbericht und Wetterkarte ersetzen musste. Und auch heute greifen nicht nur die Bauern gerne nach ihm, da er das Wetter gleich für ein ganzes Jahr voraussagt. Neben der Bibel, auf die kein Haushalt verzichten durfte, war in Zeiten Friedrichs des Großen 1712 – 1786) der hundertjährige Kalender das in Deutschland meistverbreitetste Druckwerk. Als dessen Autor gilt der 1612 in Franken geborene Abt Moritz Knauer, der in Wien Theologie, Medizin und Astrologie studierte und schließlich in Bamberg zum Doktor der Theologie promovierte.

Die Geistlichen der damaligen Zeit kümmerten sich gerade in ländlichen Gebieten nicht nur um das Seelenheil ihrer Gläubigen, sondern auch um deren wirtschaftliches Wohlergehen, waren Ratgeber in vielen Fragen der Landwirtschaft, des Obst- wie Weinbaus. Als Abt des Zisterzienserklosters Langheim im Bistum Bamberg wollte Moritz Knauer seinen Bauern und Win-

Der hundertjährige Kalender „im Test“

Nachfolgend werden einmal konkret die Voraussagen des hundertjährigen Kalenders mit dem tatsächlich vorherrschenden Wetter verglichen. Dafür wurden die ersten drei Monate des Jahres aus dem hundertjährigen Kalender ausgesucht und mit den tatsächlichen Werten für das Jahr 1996 verglichen. Die Angaben zum tatsächlich vorherrschenden Wetter in diesem Zeitraum stammen vom Deutschen Wetterdienst.

Monat	Hundertjähriger Kalender	Tatsächliche Witterung im Jahr 1996
Januar	• Vom 1. bis 7.1.: Schnee, Frost auch im Flachland. • Ab dem 8. bis zum 11.1.: Tauwetter. • Zwischen 12. und 19.1.: Milderung. • 20. und 22.1.: Frost und Schnee. • bis 31.1.: nasskalt.	Der Januar 1996 war in Höhenlagen von 1000 m über NN und darüber zu warm, sonst zu kalt, bei überdurchschnittlicher Sonnenscheindauer extrem trocken. Den Witterungsverlauf vom 1. bis 6.1. prägte ein Hoch. Vom 7. bis 9.1. überquerte ein Tiefdrucksystem Deutschland, in dessen Folge es Sprühregen gab. Vom 10. bis 18.1. setzte sich zwischen tiefem Luftdruck über dem Atlantik und Westeuropa ein Hoch durch. Vom 19. bis 23.1. floss russische Polarluft nach Deutschland. Am Abend des 23.1. setzten schwere Regenfälle ein. Vom 24. bis 28.1. war Deutschland erneut unter polarem Einfluss. Vom 29. bis 31.1. entwickelte sich eine Hochdruckzone und ließ weiterhin polare Luft nach Mitteleuropa strömen.
Februar	• Vom 1. bis 4.2.: unbeständig mit Frost. • 5. bis 14.2.: Schneefälle. • 15. und 16.2.: wärmer. • 17. bis 24.2.: wechselhaft, Tauwetter. • 25. bis 29.2.: klares Frostwetter, trocken.	Der Februar 1996 war als dritter Wintermonat in der Folge zu kalt. In Mecklenburg-Vorpommern, Niedersachsen und Bremen, Nordrhein-Westfalen, Rheinland-Pfalz und im Saarland sowie in Hessen zu nass, sonst zu trocken. Die ersten beiden Februartage waren von einer sich abschwächenden Hochdruckzone mit russischer Polarluft geprägt. Am 1.2. niederschlagsfrei, am 2.2. Regen und Schnee. Vom 3. bis 5.2. verbreitet Schnee und Graupelschauer mit Gewittern. Auch bis zum 9.2. traten bei nordsibirischer Polarluft noch vereinzelt Schneefälle auf. Vom 10. bis 13.2. kam warme Meeresluft nach Deutschland, es gab Regen, Schnee und Graupelschauer. In der Zeit vom 14. bis 23.2. war ein beständiges ostatlantisches Hoch für Deutschland wetterbestimmend. Die Niederschläge hielten größtenteils bis zum Monatsende an.

Der hundertjährige Kalender „im Test“

Monat	Hundertjähriger Kalender	Tatsächliche Witterung im Jahr 1996
März	• 1. bis 5.3.: Nachtfröste, nasskalt. • 6. bis 11.3.: trocken und heiter. • 12. bis 16.3.: Erwärmung in den Niederungen. • 17.3.: Wechsel von Regen und Trockenheit. • 18. bis 31.3.: veränderlich.	Der März 1996 war zu kalt und zu trocken. Der winterliche Charakter des meteorologischen ersten Frühjahrsmonats konnte auch nicht durch die meist überdurchschnittliche Sonnenscheindauer gemildert werden. Vom 1. bis 7.3. gab es Sprühregen in der Westhälfte, Schnee in der Osthälfte. Ab dem 8. bis zum 10.3. kam es vereinzelt zu Schneefällen, der 9.3. blieb niederschlagsfrei. Vom 15. bis 23.3. weitete sich ein aus Russland kommendes Hoch aus. Am 21.3. verlagerte sich aber bereits ein schwach ausgeprägtes Tiefdruckgebiet aus Frankreich nach Deutschland. Vom 24. bis 26.3. entwickelte sich zwischen Hochdruckgebieten über Osteuropa und nahe Island ein vom Nordmeer nach Skandinavien ziehendes Tief. Im Norden Deutschlands gab es Polarluft, im Süden und Westen mäßig warme Meeresluft. Den Rest des Monats beherrschten Regen, Schnee und Graupelschauer mit vereinzelten Gewittern.

zern helfen, das Wetter vorauszusagen, damit sie sich auf fruchtbare und weniger fruchtbare Jahre einstellen konnten.

Den Grund für die Erfindung des hundertjährigen Kalenders fasste der Abt in folgender persönlicher Schilderung zusammen: „... denn ich habe beim Lesen gefunden, dass zahlreiche Schriftsteller nicht nur in ihren Meinungen auseinandergehen, sondern auch nur selten an die Wahrheit herangekommen sind. Gerade jene Sternkundigen, die jährlich die Kalender zusammenstellen, hauen in der Regel so daneben, dass derjenige, der die Beschaffenheit der Witterung daraus abzunehmen sucht, sich notwendigerweise gründlich irrt und Schaden erleidet. Wenn nämlich die Voraussagen wirklich einmal eintreffen, so darf man annehmen, dass sie nicht irgendeiner Gelehrsamkeit, sondern nur dem Zufall zu verdanken sind, da durch Erfahrung bekannt ist, dass unter hundert Vorhersagen kaum eine zutrifft.“ So die Begründung des Abtes zur Erarbeitung seines Lebenswerkes.

Aus diesem Grund baute er sich auch ein eigenes Observatorium und machte in den Jahren 1652 bis 1658 genaue Wetteraufzeichnungen. Knauer kam jedoch schließlich zur Meinung, dass vor allem Mond und Sonne sowie die Planeten Saturn, Merkur, Jupiter, Venus und Mars in einem regelmäßigen Rhythmus das Wetter beeinflussen würden.

Als diesen Zyklus störend sah der Abt den Einfluss der Kometen wie auch den Eintritt einer Sonnenfinsternis an. Ausgegangen war der Wetterbeobachter davon, dass das Saturnjahr den siebenjährigen Zyklus einleitet. Demnach sollte es in Saturnjahren kalt und feucht werden, während im folgenden Jupiterjahr der Menschheit ein verhältnismäßig warmes und vor allem trokkenes Jahr beschieden sein sollte. Auch dem Marsjahr schrieb er Trockenheit, ja sogar größere Hitzewellen während des Sommers zu. Zwar ebenfalls trokken, aber nur mäßig warm sollten sich seiner Meinung nach die Sonnenjahre entwickeln.

Bei einem „kalten Saturnjahr" ist ein kaltes Frühjahr zu erwarten, wie die Astrometeorologen glaubten. In diesem Zusammenhang brachte Knauer als eigene landwirtschaftliche Erfahrung mit ein: „Die Mittelsaat ist die beste, die späte Aussaat die schlechteste", was sicher auch mit den heutigen agronomischen Erfahrungen bei dem Witterungstyp „kaltes Frühjahr" übereinstimmt.

Die Venusjahre sollten sich durch schwüle und trockene Sommer auszeichnen, kalt und trocken sich die Merkurjahre zeigen. Den Mondjahren schrieb Knauer zwar dominante Kälte und viel Regen zu, was jedoch warme Sommer nicht ausschließen sollte.

Der Diplom-Meteorologe Dr. Hans-Günther Körber, ehemaliger Leiter der Zentralbibliothek des Meteorologischen Dienstes der einstigen DDR, kommt deshalb zum Urteil: „Der Wert des hundertjährigen Kalenders in einer Zeit, wo neben der Bibel höchstens dieser und andere Kalender als Hausbücher dienten, sollte nicht unterschätzt werden, weil in diesen Schriften vielfach praktisches Wissen neben Aberglauben vermittelt wurde." Da gewöhnlich das astrologische und astrometeorologische System mit seinen vielen Zuordnungen und Ausdeutungen der Planetenbewegung vom Laien jener Zeiten nur schwer durchschaubar war, fand die einfache und verhältnismäßig übersichtliche Darstellung Knauers großen Widerhall.

So gab er regelmäßige Übersichten der einzelnen sieben Planetenjahre, der Jahreszeiten und dazu Hinweise über den Sommer- und Winteranbau der Kulturpflanzen und Ähnliches. In besonderen Abschnitten, von ihm „Partikulär-Witterung" für die Monate genannt, brachte er konstruierte Monats- und Mehrtages-Prognostiken, die letztendlich auf seinen beobachteten Werten sowie auf schriftlichen astrometerologischen Prognostiken beruhten.

Daraus entstand ein immerwährender Wetterkalender, den man später den „hundertjährigen Kalender" nannte. Der wetterkundige Arzt starb jedoch, bevor seine Beobachtungen in einem Buch erscheinen konnten. Doch zu seinen Lebzeiten wurden seine Voraussagen bereits als Handschriften verteilt. Erste Drucke erfolgten – ohne jegliche Nennung des Autors – in Eisleben und Erfurt bereits im Jahre 1701. Der Erstdruck des „Hundertjährigen" mit Angabe von Knauers Name kam 1704 in Kulmbach bei Nathaniel Lämscher auf den Markt.

Wetterkundler von heute messen,

von Zufallstreffern abgesehen, den Voraussagen des hundertjährigen Kalenders aber nicht viel bei. Die moderne Meteorologie kann zwar das Wetter nicht gleich für ein ganzes Jahr voraussagen, arbeitet aber wissenschaftlich und mit großer Genauigkeit. Ungeachtet dessen will der Mensch von heute gerne in die (Wetter-)Zukunft schauen und bedient sich deshalb nach wie vor des „hundertjährigen Kalenders".

Wie Jäger und Fischer „ihr" Wetter erkunden

„Wenn der Wind jagt, jagt kein Jäger", besagt eine alte Jägerweisheit, die darin begründet ist, dass viele Tierar-

Für den Jäger

Wer jaget,
der haget.

Jägerblut und Bauernblut
tut niemals beisammen gut.

Ein Jäger und ein Hund
müssen warten können
vierundzwanzig Stund.

An Fuchsfähen und Spinnen
ist nicht viel zu gewinnen;
mancher geht dabei zu Grund,
hätt er auch den besten Hund.

Regen und Ungewitter machen
den Hund in der Spur irr.

Wer Hirschköpfe haben will,
muss Hundsköpfe daran setzten.

Auf dem Schnee und auf dem Eber
wird mir meine Sache wäger.

Brot (das die Hunde bekommen)
ist der Hasen Tod.

Wo man es nicht denkt,
springt der Hase aus seiner Sass.

Wenn die Pirole emsig kreischen,
wird bald Regen niederträufeln.

Bellt der Fuchs im grünen Wald,
stellt sich bald Regen ein.

Steht das Rotwild im Holze fest,
sucht's vor Winternot sein Nest.

Ziehen die wilden Gänse
und Enten fort,
ist der Winter bald am Ort.

Je höher der Ameisenhügel,
desto straffer des Winters Zügel.
Hat der Hase ein dickes Fell,
wird der Winter ein harter Gesell.

Fuchsfähe = weiblicher Fuchs
Sass, Sasse = Lager des Hasen

Für den Fischer

Nasse Jäger, trockne Fischer – schlechtes Geschäft.

Man muss nicht Fische essen
in Monden ohne dem „R".

Nach dem Regen ist gut fischen.

Im Trüben ist gut fischen.

Wer im Winter keine Reusen flicht,
kann im Sommer keinen Fischzug halten.

Geht der Fisch nicht an die Angel,
ist an Regen bald kein Mangel.

Wenn die Fische im Wasser
emporspringen,
so bedeutet dies baldiges Regenwetter.

Springende Fische
bringen Gewitter Frische.

Kommen die Fische früh ans Licht,
trau dem Tag, dem Wetter nicht.

Wenn das Wasser arm ist
an Fischen,
so ist das Land reich an Früchten.

Wenn das Wasser reich ist
an Fischen,
so ist das Land arm an Früchten.

Reiche Fischzähre –
arme Kornähre.

Wenn die Möwen zum Land
hinfliegen,
werden wir Sturmwetter kriegen.

Wenn die Mücken am Bach
tanzen und spielen,
sie morgiges gutes Wetter fühlen.

Wenn der Reiher sitzt traurig am Bach,
so ist Regen nah.

Wenn die Schlammpeizker (Schlammbeißer)
aus dem Wasser wollen,
wird bald ein Gewitter kommen.

ten windscheu sind, zum anderen aber das Wild bei Wind die Witterung des Jägers eher aufnimmt als bei Windstille.

Es ist kein Wunder, dass sich auch die besonders eng mit der Natur und ihren Tieren verbundenen Jäger und Fischer der althergebrachten Bauern- und Wetterregeln bedienten. Zudem ist das Verhalten der Tiere weitgehend vom Wetter abhängig. Ihr äußerst sensibles Nervensystem spricht schon lange vorher auf Wetteränderungen an, bevor sie der Mensch verspürt, wenn er nicht gerade als wetterempfindlich gilt.

Tiere stellen ihr Verhalten überaus rechtzeitig auf Unwetter ein, das sie oft bereits Tage vorher wittern. So gilt als wissenschaftlich erwiesen und hat sich bei größeren Katastrophen bereits gezeigt, dass Hunde und Katze sogar Erdbeben vorausahnen können.

Nicht nur Zugvögel spüren instinktiv einen frühen oder späten Winter, sondern auch unsere Tiere des Waldes und Feldes bereiten sich rechtzeitig auf ihr Winterlager vor.

Die Bauern- und Wetterregeln bezogen sich jedoch nicht nur auf Wind und Wetter, sie gaben auch Verhaltensmaßregeln für Jäger und Fischer. Nachfolgend eine Auswahl der teils auf das 17. Jahrhundert zurückgehenden Weisheiten der mit der Natur eng verbundenen Menschen.

Geschichtliche Entwicklung der Wetterstationen und Wetterdienste

Nicht so alt wie man allgemein glaubt ist die Geschichte der amtlichen Wetterbeobachtung und Wetterforschung: Die ständigen Wetter-Bodenbeobachtungen entwickelten sich erst vor rund 100 Jahren. Auf Deutschlands höchstem Berg, der Zugspitze, wurde erst im Jahre 1900 das Zugspitz-Observatorium errichtet.

Mit dem Ziel, der Landwirtschaft zu helfen, gründete Friedrich Wilhelm IV. von Preußen im Jahre 1847 das erste deutsche staatliche meteorologische Institut. Gedrängt dazu hatte den König der Wissenschaftler und Philosoph Alexander von Humboldt: „Wie traurig, dass man keine regelmäßigen, sich in ihrem Bureau befindlichen concentrierten Anstalten hat, um in gleichmässiger Form die mittlere Temperatur der Monate in Pommern, Uckermarkt, Posen, ja Rheinland zu haben“, schrieb Humboldt in einem Brief an den Direktor des Preußischen Statistischen Büros im Jahre 1844. An eine gewünschte Vorhersage wagte Humboldt allerdings noch nicht zu denken.

Während der erste Direktor des Preußischen Meteorologischen Instituts, Wilhelm von Mahlmann, noch zu Fuß seine rund 35 Messstationen in ganz Preußen aufsuchte, wurde es mit der Einführung des Telegrafen möglich, die Messdaten in einer Zentrale zu sammeln. Um auch dreidimensionale Messungen vornehmen zu können, begaben sich die Meteorologen gegen Ende des 19. Jahrhunderts in Heißluftballons bis in 11 km Höhe. Dabei entdeckten die Forscher nicht nur die Stratosphäre, sondern auch das „Barische Windgesetz“. Danach liegt ein Tief immer links der Windrichtung, ein Hoch rechts davon. Mit Hilfe der theoretischen Physik wurden erstmals konkretere Vorhersagen möglich.

Der von den Nationalsozialisten im Jahre 1934 gegründete Reichswetterdienst unterstand dem Reichsminister der Luftfahrt und gliederte sich in zwei Abteilungen: den Wirtschaftswetterdienst und den Flugwetterdienst. Der Reichswetterdienst hatte in erster Linie den strategischen Nutzen von Wettervorhersagen im Visier. Er versagte jedoch, als die deutsche Wehrmacht im Winter 1942/43 in Russland von einem strengen Winter überrascht wurde, der schließlich den deutschen Vormarsch bei Stalingrad zum Stoppen brachte.

Nach 1945 wurden in der früheren DDR der Meteorologische Dienst (MD) und in der Bundesrepublik der Deutsche Wetterdienst (DWD) ins Leben gerufen. Im Jahre 1960 wurde vom Ersten Deutschen Fernsehen der erste

Wetterbericht über Bildschirm ausgestrahlt.

Heute zählt die Drei-Tage-Voraussage zum Standard. Sprecher des Deutschen Wetterdienstes halten es sogar für möglich, dass in einigen Jahren sogar zuverlässige Prognosen über drei Monate hinweg gemacht werden können, was jedoch wiederum von Meteorologie-Professoren angezweifelt wird, weil die Atmosphäre nach der Chaostheorie funktioniert, die eine Vorhersage für höchstens eine Woche als sicher erscheinen lässt.

Der Deutsche Wetterdienst und seine derzeit 3000 Mitarbeiter werden von 208 Wetterstationen unterstützt – von der Zugspitze bis zur Bordwetterwarte auf dem Forschungseisbrecher „Polarstern“. In letzter Zeit übernehmen zunehmend die computergesteuerten Wetterautomaten die Dienste der eifrigen „Wetterfrösche“, die von frühmorgens bis spätabends in ganz Deutschland nach dem Wetter schauen und diese Werte dann pünktlich der Zentrale melden.

Weltweit gibt es knapp 10 000 bemannte Landstationen, unterstützt von etwa 7500 Schiffen und 3500 Flugzeugen, die die Wetterwerte regelmäßig registrieren und weitermelden. Hinzu kommen etwa 2000 auf den Meeren treibende Automaten, die via Satellit senden. Das Betriebsgebäude des Deutschen Wetterdienstes liegt in Offenbach direkt am Main und umfasst 15 Stockwerke, auf deren Dach Parabolantennen auf die Wettersatelliten ausgerichtet sind. Hier werden auch die Daten von Meteosat, einem Satelliten, der in einer Höhe von 36 000 km über dem Schnittpunkt von Äquator und Nullmeridian steht, empfangen. Den Satelliten ist es möglich, nicht nur Temperaturen und Windrichtungen in den unterschiedlichsten Höhen festzustellen, sie werten auch die Stärke des Windes, Luftfeuchtigkeit und Luftdruck aus.

Es waren die Amerikaner, die in den fünfziger Jahren erstmals einen Computer zur Auswertung der Wetterdaten einsetzten, um daraus zu einer Prognose zu kommen. Weltweit gibt es ein Netzwerk, in dem alle 190 km eine Wetterstation eingerichtet ist, in Mitteleuropa existiert alle 55 km eine Wetterbeobachtungsstelle. Deutschland kann sogar auf ein Raster von 14 km stolz sein, denn viele ehrenamtliche Helfer sind bei der Datenermittlung eingesetzt. Für die Zukunft wird sogar an einem Modell gearbeitet, das mit einem Beobachtungsraster von nur 3 km Entfernung genaueste lokale Vorhersagen ermöglicht.

Doch man ist bei der Deutschen Wetterwarte auch derzeit bereits mit der erzielten Trefferquote zufrieden, die selbst bei einer Vier-Tage-Prognose so gut ist wie etwa noch im Jahre 1980 die 24-Stunden-Vorhersage. Doch bereits für letztere ist eine Fülle an Datenmaterial notwendig, denn dafür sind die Wetterwerte nicht nur von Europa, sondern auch des Nordatlantiks und Nordamerikas notwendig. Für die viertägige Voraussage benötigt man sogar die Werte der gesamten nördlichen Halbkugel zur Computerauswertung.

Beim Deutschen Wetterdienst in Offenbach laufen nicht nur die nationalen Beobachtungswerte ein, sondern auch die des internationalen Wetternetzes Global Telecommunications System

(GTS). Fazit: Stunde für Stunde werden in Offenbach 25 000 Meldungen registriert und ausgewertet, das sind rund fünf Millionen Daten an einem einzigen Tag.

Im Geschäftsbereich Medien erstellt der Deutsche Wetterdienst Wetterkarten für alle speziellen Zwecke – für die Landwirtschaft, Segelflieger, Segler, die Schiff- und Luftfahrt. Darüber hinaus Filme mit Satellitenbildern, das Medizinwetter, Pollenvorhersage und dergleichen mehr. Bedient werden Zeitungen, Rundfunk und Fernsehen.

Wenn auch viele der Dienste für die Benutzer kostenpflichtig sind, so kostet der Unterhalt des DWD-Messnetzes das Bundesverkehrsministerium doch einiges: Derzeit werden dafür jährlich etwa 226 Millionen Euro aufgewendet.

Die schnellste Verbindung zum Wetter von morgen: das Internet

Wer nicht auf die Wettervorhersagen in den Fernseh- und Rundfunknachrichten und in den Zeitungen des nächsten Tages warten will, der kann sich jederzeit übers Internet dem Wetterbeobachten. Die amtlichte Vorhersage bietet der Deutsche Wetterdienst in Offenbach am Main (www.dwd.de) auf seinen Internetseiten größtenteils kostenlos an. Sehr präzise formuliert ist dort die „Aktuelle Wetter- und Warnlage“ und als „Thema des Tages“ wird eine für jedermann verständliche Kommentierung der Wetterlage nebst Satellitenbild angeboten. Äußerst aufschlussreich auf diesen Seiten sind auch die Beiträge zum Klimawandel, der News-Letter-Service und der weltweite Wetterdienst. Für spezielle Nutzer (Landwirte, Flieger, Segler usw.) ist ein weiterführendes Verzeichnis angelegt, damit man schnell eine spezielle Auskunft bekommt.

Wer sich selbst als Hobby-Meteorologe weiterbilden will, der findet im DWD-Wetter-Shop ein Angebot von rund 150 Produkten rund ums Wetter und die Wetterforschung (Wetterkarten, Wetterberichte vergangener Jahre, Geburtstagswetterkarten und dergleichen mehr). Bis in das 15. Jahrhundert zurück geht die DWD-Wetterbibliothek, die gemeinsam mit der Deutschen Forschungsgesellschaft erarbeitet wurde. Und wer sich mit meteorologischen Fachbegriffen nicht so gut auskennt, der kann im Wetter-Lexikon von A–Z nachschlagen.

Ähnliche Serviceleistungen bieten auch die amtlichen Wetterdienste von Österreich, der Schweiz und England an (Internet-Adressen siehe Seite 186). Dort sind zudem die gängigsten Wetter-Websites im deutschsprachigen Raum zu finden.

Wertvolle Helfer bei der Wetterbeobachtung

Anemometer

Im Laufe der Jahre begnügte man sich nicht mehr damit, dass man schon von weitem ablesen konnte, woher der Wind wehte. Schließlich wollte man auch wissen, mit welcher Stärke er daherkam.

Die einfachsten Ausführungen von Anemometern waren die Plattenanemometer, bei denen eine Platte horizontal durch den Winddruck verschoben wurde, oder die Pendelanemometer, bei denen die Platte pendelartig ausgelenkt wurde.

Die Entwicklung setzte sich fort, bis der russische Physiker Michael Lomonossow (1711 – 1765) schließlich das Rotationsanemometer erfand, das nach dem Windmühlenprinzip funktionierte. Das meist verwendete ist heute – nicht nur bei Seglern – das Schalenkreuzanemometer, das auch als Handgerät erworben werden kann. Sein Prinzip besteht darin, dass der Wind sich in kleinen Schalen aus Kunststoff fängt und sie im Uhrzeigersinn je nach Windstärke mehr oder weniger schnell bewegt.

Barometer

Eines der wichtigsten Geräte zur Vorausbestimmung des Wetters ist das Barometer, mit dessen Hilfe der Luftdruck bestimmt werden kann. Das Gerät wurde von Evangelista Torricelli (1608 – 1647), einem Schüler Galileis, im Jahre 1643 erfunden. Torricelli wies bereits nach, dass die Luftsäule auf jeden Quadratzentimeter der Erdoberfläche eine Kraft von einem Kilo ausübt.

Das klassische Barometer besteht meist aus einer mit Quecksilber gefüllten senkrechten Glasröhre, die oben geschlossen einen luftleeren Raum aufweist. Sie ist unten offen und erlaubt so dem Luftdruck, das Gewicht der Quecksilbersäule auszugleichen. Je nach Größe des Luftdrucks steigt oder fällt die Quecksilbersäule um einige Zentimeter. An der Länge der Säule kann der Luftdruck gemessen werden.

Heutzutage gebräuchlich ist der Aneroidbarometer, auch Metall-, Dosen- oder Federbarometer genannt, bei dem die elastische Verformung von fast oder ganz luftleeren metallischen Hohlkörpern ein Maß für den auf diese wirkenden Luftdruck ist. Diese Formänderungen werden durch ein Hebelsystem verstärkt und auf einen Zeiger übertragen.

Es gibt Barometer mit Millimeter-Teilung und andere mit einer Millibar-Teilung. Mittels einer Stellschraube kann das Barometer auf die jeweilige Meereshöhe eingestellt werden. Als Faustregeln für den Umgang mit dem Barometer gelten: Steigender Luftdruck bedeutet schönes Wetter, sinkender lässt Regen, Schnee, Wind und Sturm erwarten. Fällt das Barometer schnell, bedeutet dies Sturm, Gewitter und stärkere Unwetter.

Thermometer

Das Thermometer fehlt in keinem Haus, denn jeder will schließlich wissen, wie kalt oder warm es eigentlich ist, bevor er aus dem Haus geht. Doch eigentlich wurde das Thermometer zur Feststellung der Körpertemperatur erfunden. Bereits die griechischen Ärzte bastelten in der Antike an einem solchen Messgerät zur Fiebermessung herum. An der Erfindung nicht unbeteiligt war auch Galileo Galilei (1564 – 1642), wie sich einer seiner Schüler 1638 erinnerte.

Das Thermometer besteht aus einem schmalen, oben verschlossenen Glasrohr, an das unten eine Kugel angeschmolzen ist, die mit Quecksilber oder Alkohol gefüllt ist. Der übrige Raum der Säule ist luftleer. Bekanntlich dehnen sich Quecksilber und Alkohol bei Wärme aus, was zu einem Ansteigen der Messsäulen führt. Gemessen werden die Temperaturen stets im Schatten.

Thermometer sind auf den Gefrierpunkt des Wassers, also auf Null Grad Celsius geeicht. Einst hat es drei verschiedene Skaleneinteilungen gegeben: Reaumur, Celsius und Fahrenheit. In Gebrauch sind heutzutage nur noch die beiden letzteren. Bei Fahrenheit beginnt der Gefrierpunkt erst bei plus 32 °C und der Siedepunkt bei 212 °C. Mit anderen Worten entsprechen beispielsweise plus 30 Grad Celsius plus 86 Grad Fahrenheit.

Für die Wettervorhersage ist der Wärmezustand der Luft nicht ohne Bedeutung, denn auch der Luftdruck wird vom Wechsel der Temperaturen beeinflusst. Wind kommt zum Beispiel auf, wenn benachbarte Luftmassen unterschiedlich erwärmt werden. So erwärmt sich das Festland viel rascher als etwa See und Meer, weshalb dort die Temperaturen tagsüber langsamer steigen als an Land.

Windfahnen und Wetterhähne

Wer mit offenen Augen durch die Welt geht und sich an ihr freut, der wird immer wieder von handwerklich geradezu künstlerisch gefertigten Wetterhähnen und Wetterfahnen auf Kirchtürmen, Rathäusern und Bürgerhäusern überrascht sein, die zu den liebenswerten Details alter Städte und Märkte zählen. Sie waren einst die einzigen mechanischen Hilfsmittel zur Wettererkundung, da ja der Wind das gute wie schlechte Wetter einträgt. Dafür gibt es natürlich jede Menge Wettersprüche:

Dreht zweimal sich der Wetterhahn,
so zeigt er Sturm und Regen an.

Der Nordwind ist ein rauer Vetter,
aber er bringt beständig Wetter.

Weht der Wind dauernd von Süden,
ist uns bald Regen beschieden.

Westwind und Abendrot
machen die Kälte tot.

Ziehen die Wolken dem Wind entgegen,
gibt es am anderen Tag Regen.

Dies ist nur eine kleine Auswahl aus dem reichhaltigen Volksgut über den Wind.

Windfahnen als ältestes meteorologisches Gerät kannten bereits die alten Römer und Griechen, aber auch die Wikinger. Dass auch heute noch vielfach ein Hahn als Wetterfahnentier zu sehen ist, geht auf den Papst Nikolaus I. zurück, der von 858 bis 867 regierte und anordnete, dass auf allen Kirchen ein Hahn als Wetterfahne zu thronen hatte.

Eine der größten Wetterfahnen konstruierte der Astronomieprofessor Egnato Danti (1537–1586) in Bologna, die sage und schreibe eine Höhe von 17 m hatte. Auch Leonardo da Vinci (1452 –1519) beschäftigte sich mit dem Entwurf von Wetterfahnen.

Windsack

Wer sich über keinen Wetterhahn glücklich schätzen kann, der kann ebenfalls mit ganz einfachen Mitteln die Windrichtung bestimmen. Die Bauern warfen einst Streu und Stroh in die Luft oder bestimmten mit einem feuchten Finger die Windrichtung, denn wo dieser als erstes trocken wird, da weht schließlich der Wind her. Ein beliebtes Hilfsmittel ist auch der Windsack. Wenn man aus einem kleinen, dicht gewebten Sack den Boden ausschneidet, vorne und hinten einen Ring aus festem Draht einzieht und diesen Windsack dann an einen drehbaren Ring befestigt, ihn an einer langen Stange aufhängt, dann sieht man stets, aus welcher Richtung der Wind weht – und das selbst aus weiter Entfernung.

Die Sonne als unser wichtigster Lebensspender

Die Sonne gilt als das kosmische Herz der Welt, denn alles Leben auf der Erde ist schließlich der Sonnenenergie zu verdanken. Und diese ist beachtlich. Denn: Der jährliche Weltenergieverbrauch beträgt lediglich ein Hundertstel der täglichen Sonnenstrahlung und selbst das schwerste Erdbeben beinhaltet nur etwa die Energie einer täglichen Sonneneinstrahlung. Rund ein Hunderttausendstel der täglichen Energie, die uns die Sonne schenkt, wird durch eine Wasserstoffbombe freigesetzt; 100 Tonnen Kohle, das sind runde vier Güterwagen voll, enthalten sogar nur den milliardsten Teil der Energie, die uns die Sonne täglich beschert.

Kein Wunder also, dass es im Altertum von Sonnengöttern geradzu wimmelte, hebt doch selbst die Bibel die Erschaffung von Sonne und Mond am 4. Tag der Schöpfungsgeschichte (Genesis 1,14–19) als eine der bedeutendsten Taten Gottes hervor: „Dann sprach Gott: Lichter sollen am Himmelsgewölbe sein, um Tag und Nacht zu scheiden. Sie sollen Zeichen sein zur Bestimmung von Festzeiten, von Tagen und Jahren dienen; sie sollen Lichter am Himmelsgewölbe sein, die über die Erde hin leuchten. So geschah es. Gott machte die beiden großen Lichter, das größere, das über den Tag herrscht, das kleinere, das über die Nacht herrscht, auch die Sterne."

Der Lauf der Sonne spielt im Volksglauben auch heute noch eine Rolle. Als glücksbringend gilt, alles „sonnenläufig" zu tun, das heißt, seine Arbeit und sein Leben der Richtung der täglichen Sonnenwanderung anzupassen. Wer gegen den Lauf der Sonne einen Ritus zelebriert, arbeitet dem Bösen in die Hände. In der Hohen Tatra der Slowakei umkreist der Hirte dreimal sonnenläufig seine Hütte und seine Herde, damit man ihm nichts stehlen kann. In Manaton (Devonshire) trägt man die Leiche in der Richtung des Sonnenlaufs um ein Kreuz, um sie dem Bösen zu entziehen.

Bei der kirchlichen Trauung kannte man in Baden, im Rheinland, im Böhmerwald, in Schlesien wie in Österreich einen sonnenläufigen Umgang um den Altar, der Glück in der Ehe bringen sollte.

Seit den Wetteraufzeichnungen im Jahre 1880 wurde für Deutschland gesehen die höchste monatliche Sonnenscheindauer mit 403 Stunden im Juli im Jahr 1994 am Kap Arkona auf Deutschlands größter Insel, der Insel Rügen, in der Ostsee, registriert. Mit der bislang höchsten jährlichen Sonnenscheindauer ist das Jahr 1959 in die Wettergeschichte eingegangen. Damals wurden auf dem Klippeneck am südlichen Rand der Schwäbischen Alb in 973 m über NN in den zwölf Monaten insgesamt 2 329 Sonnenstunden gezählt.

Weniger dagegen vom Sonnenschein begünstigt scheint Münster/Osnabrück in Westfalen zu sein, wo sich im Jahre 1912 (größter Minimumwert) die Sonne lediglich 936,7 Stunden blicken ließ – das ebenfalls für den Zeitraum von zwölf Monaten gemessen. Mit der geringsten monatlichen Sonnenscheindauer machte der Große Inselberg im Thüringerwald im Dezember 1965 von sich reden. Dort schien einen ganzen Monat lang die Sonne nicht einmal eine einzige Stunde.

Natürlich gilt auch die Sonne als Wetteranzeiger. Wenn der Horizont zum Sonnenaufgang etwas vernebelt dreinschaut, sagt man, dass der Tag schön wird. Zeigt sich die Sonne dann auch abends purpurrot, kann mit größter Wahrscheinlichkeit davon ausgegangen werden, dass der nächste Tag ebenfalls sonnig sein wird, denn: „Abendrot – Schönwetterbot'". Auch bei einem Sonnenuntergang in rosa oder orangefarbenem Licht bleibt es weiterhin schön.

Diese den Planeten umgebenden Wetterregeln waren bereits in der Antike bekannt. In den Dichtungen „Sternbilder und Wetterzeichen" des griechischen Dichters und Gelehrten Aratos (315–245 vor Christus) heißt es unter anderem: „... Im Morgengold/dehnt sich gar oft das Rund der Sonne, gleich als wollt/sie schmelzen; wenn alsbald sie dann zusammenschrumpft,/wird's Wetter schön; und auch, wenn gelblich abgestumpft/ihr Licht dem Wintertag entsinkt! ..."

Und Regenwetter aufziehen sah Aratos, wenn folgende Wettersituation sich am Himmel zeigte: „... Ja, kommt einmal die Sonne strahlenlos/herauf und vor ihr her ein kleines Wölkchen bloß:/auf Regen sei auch dann gefasst!"

Nicht verwunderlich also, dass es rund um die Sonne in den folgenden Jahrhunderten zu vielen Deutungen des Wetters und damit zu einer Fülle von Wetterregeln kam. Exemplarisch sollen hier nur ein paar wenige aufgeführt sein:

Ist's morgen rot vorm Sonnenloch,
regnet's nicht, so windet's doch.

Wenn kurz vor Vollmond der
Sonnenaufgang nebelig war,
wird's Wetter in den nächsten Tagen
warm und klar.

Gibt es bei Sonnenuntergang viele Mücken, verkünden sie einen Sonnentag.

Wenn die Sonne Wasser zieht,
gibt's bald Regen.
Wenn die Sonne scheint sehr bleich,
ist die Luft an Regen reich.

Sonnenschein hat den Brotschrank nie geleert,
aber Nässe den Mangel oft vermehrt.

Gibt Ring oder Hof sich
Sonn oder Mond,
bald Regen und Wind
uns nicht verschont.

Sonnenjahr – Wonnejahr;
nasse Jäger – trockene Fischer.

„Mach es wie die Sonnenuhr, zähl' die heitern Stunden nur!"

Dieser Rat wird in einem bekannten Lied gegeben. In Zeiten, als die Taschenuhr noch nicht erfunden war, haben sich unsere Altvordern in regnerischen Sommern wohl bei der Zeitmessung sehr schwer getan, da sie ja allein auf den Stand der Sonne angewiesen waren, wenn sie „auf die Uhr schauen" wollten.

Die Sonne war bereits vor dem dritten Jahrtausend vor Christus bei den alten Babyloniern, Ägyptern und Indern Maßstab für die Zeit. Der Lauf der Sonne führte schließlich auch zur Teilung des Tagesablaufes in 24 Stunden. Vor allem den Chinesen schreibt man es zu, die Ersten gewesen zu sein, die mit Hilfe des „gnomons" die Zeit einigermaßen präzise messen konnten. „Gnomon" (griechisch für „Richtschnur") – das ist der Zeiger, der bei Sonnenuhren den Schatten wirft. Auch die alten Papyri der Ägypter wissen davon zu erzählen, dass es zur Zeit Tutmosis III. (um 1490 vor Christus) am Nil bereits genaue Sonnenuhren gegeben hatte. Diese Zeitmesser hatten ihre Dienste aber nicht nur an Mauern von Schlössern, Festungen und Wohnhäusern: Vielmehr wollte und konnte man auch auf der Reise nicht auf sie verzichten. So wurden handliche Sonnenuhren im Taschenformat angefertigt, von denen es noch heute in Museen einige Exemplare zu sehen gibt.

Nach Rom ist die Sonnenuhr erst um die Zeit 300 vor Christus durch den römischen Feldherrn Papirius Cursor gekommen. Interessant ist, dass das Handwerk der Sonnenuhrmacher auch noch lange nach der Erfindung der Räderuhr hoch in Blüte stand, da die pünktlichen Menschen von damals anscheinend dem modernen Räderwerk kein rechtes Zutrauen geschenkt haben.

Selbst während des Zweiten Weltkrieges kamen die Sonnenuhren nochmals hoch in Mode. So sollen die Engländer ihre Truppen in Nordafrika mit Sonnenuhren ausgerüstet haben, da andere Uhren durch den in die Gehäuse eindringenden feinen Sand an Genauigkeit einbüßten. Eine besondere Spielerei waren im 18. Jahrhundert originelle Horizontalsonnenuhren, die in Verbindung mit einer so genannten Mittagskanone gebaut wurden. Pünktlich um 12 Uhr beim Durchgang der Sonne durch den Meridian fiel bei diesen spielerischen Uhren der Sonnenstrahl durch ein Brennglas auf das Zündloch einer kleinen Kanone, die sich daraufhin mit einem weithin hörbaren Knall entlud.

Der Körper als Wetterfühler

„Ich fühle mich nicht wohl, das Wetter schlägt bald um." – „Ich muss erst gar nicht die Rolläden raufziehen, um zu wissen, dass Schlechtwetter kommt, denn mein Kopfweh lässt mich dies ahnen." – „Meine vernarbte Wunde schmerzt, bald wird's Regen geben." – Und allen bekannt ist auch bei Wetterfühligen das Stöhnen über Föhneinbruch und die Tatsache, dass Leute mit amputierten Gliedmaßen stets bei aufkommendem Warm- beziehungsweise Kaltlufteinfluss zu klagen beginnen. Auch Rheumakranke werden zum lebenden „Barometer", wenn eine Regenfront im Anmarsch ist, denn ihnen beschert diese Wetteränderung Gelenkschmerzen.

Wetterreagierend ist zwar jeder Mensch, doch wetterfühlig nur der mit erhöhter Ansprechbarkeit bei erniedrigter Reizschwelle seines vegetativen oder autonomen Nervensystems. Als wetterempfindlich gelten Menschen, bei denen Wetterveränderungen regelrechte Krankheitssymptome hervorrufen. Sowohl extreme Kälte wie auch extreme Wärme können bei ihnen sogar zu Herzinfarkten, Embolien oder Thrombosen führen.

Patienten, die einen Herzinfarkt erlitten haben, sollen an gefährdenden Tagen längere Wanderungen sowie jegliche Überanstrengung meiden. Für sie gilt: Mit dem Wetter leben, um zu überleben! Wetterempfindliche nämlich erleiden bei Wetterumschwüngen oft Herzrhythmusstörungen, was durch eine Überreaktion des geschwächten Organismus ausgelöst wird.

Gefährlich werden kann auch hohe Luftfeuchtigkeit. Deshalb ist Herzleidenden weitgehend von Reisen in Ländern mit subtropischem Klima abzuraten.

Interessant ist, dass die Menschen je nach ihrem Temperament und ihrem Charakter ganz unterschiedlich auf Wetterumschwünge reagieren. Während sich ein Sanguiniker in der Regel nicht groß um Wettereinflüsse kümmern muss, da diese spurlos an ihm vorübergehen, kann ein Choleriker durch einen Wetterumschwung leicht in Gereiztheit versetzt werden. Am stärksten kann das Wetter aber dem Melancholiker zusetzen, der in seiner oft angeborenen Depressivität manchmal gänzlich „zu Boden" gedrückt wird. Anders dagegen wiederum der Phlegmatiker: Er reagiert auf Hitze und Kälte, Regen und Sturm so gelassen wie in allen andern Lebenslagen auch.

Als wetterempfindlich gilt ein Drittel der Weltbevölkerung, wobei nur 20 % der Kinder und Erwachsenen darunter zu leiden haben, während besonders die älteren Menschen davon betroffen sind. In Industrieländern wie Deutschland, so hat eine Meinungsumfrage ergeben, glauben 50 bis 70 % der Bevölkerung, wetterfühlig zu sein. Sie klagen regelmäßig über durch das Wetter bedingte Kopfschmerzen, Einschlafstörungen, Konzentrationsschwäche, Müdigkeit, Nervosität und Herz-Kreislauf-Probleme. Aber auch

Krankheiten wie Angina pectoris, Asthma, Magengeschwüre und rheumatische Krankheiten können Wetterempfindliche heimsuchen.

Die Wissenschaft der Biometeorologie und Bioklimatologie ist keinesfalls eine Erfindung der Neuzeit, denn bereits 3000 vor unserer Zeitrechnung wehrte man in Mesopotamien die Einflüsse krankheitsbringender Winde mit Dämonenfiguren an den Häusern ab. Krankheitserregende Windeinflüsse maß auch der griechische Arzt Hippokrates (460–370 vor Christus) dem Südwind und dem Nordwind zu: Während der Südwind nach seinen Erfahrungen verschlechtertes Hör- und Sehvermögen, Starrheit und Mattigkeit, Kopfschwere mit sich brachte, konnte der Nordwind bei den Menschen vermehrt Husten, Darmbeschwerden, Halsschmerzen, Schüttelfrost, Seiten- und Brustschmerzen hervorrufen.

Das Wetter als Krankheitsauslöser wurde auch im alten China unter dem Kaiser Huang Ti (um 2650 vor unserer Zeitrechnung) erkannt. Sie nahmen an, dass die Hitze das Herz, die Kälte dagegen die Lungen schädigen könnte. Zudem: Der Westwind sei schlecht für Herz, Brust und Rippen, der Nordwind schädlich für Nieren und Hüften.

Neuere Forschungen haben unter anderem ergeben, dass, wenn das Barometer sinkt, der Wassergehalt im Gewebe zunimmt, was vor allem Gichtkranken mit Gelenkschmerzen zusetzt – und das bereits Tage vor der Wetterveränderung. Die Statistik über langjährige Untersuchungen kommt sogar zum Ergebnis, dass selbst der Tod mit dem Wetter in enger Verbindung steht, da die meisten Todesfälle bei extremen Temperaturschwankungen verzeichnet werden. Zudem: Es häufen sich auch stets die Todesfälle, wenn ein Tiefdruckgebiet kommt oder die Jahreszeit wechselt.

Als berühmte wetterempfindliche Personen gelten unter anderem Goethe, Mozart wie auch Friedrich Nietzsche, der zu dem Schluss kam, dass auch Wetter und Wind seinen Geisteszustand verwirrten.

Auch das Wetter kann Krankheiten auslösen oder verschlimmern.

In tausenden von Publikationen ist auch der Einfluss des Wetters auf die Suizidgefahr studiert worden. Wenn man auch glauben möchte, dass vor allem der Tiefdruck die Selbstmordrate erhöhe, so beweisen die Statistiken, dass nicht zuletzt auch das Schönwetter für die Depressiven höchst gefährlich sein kann, da manche der psychisch kranken Menschen die vom Sonnenschein ausgelöste frohe Stimmung ihrer Mitmenschen in ihrer eigenen seelischen Bedrängnis nicht mehr ertragen können.

Ihre eigene Sprache sprechen die Statistiken der Unfallhäufigkeit wie auch der Unfallsterblichkeit, denn Wetterveränderungen setzen Serotonin frei, was zu Aggressivität, Nervosität und Unachtsamkeit führt. Wetterumschwung, so wissen die Versicherungen, verdoppelt nicht nur die Unfallhäufigkeit, sondern auch die Schwere der Unfälle. Das gilt aber nicht nur im Straßenverkehr, sondern auch am Arbeitsplatz und im Haushalt.

Doch was sollen Wetterempfindliche tun, um dem Unbill des Wetters zu trotzen? Vorsorgen ist auch hier besser als Heilen. Vom Arzt empfohlen wird, die Kleidung stets gewissenhaft dem Klima anzupassen. Im Sommer sollte man viel Luft an den Körper lassen, im Winter dagegen dafür sorgen, dass man nicht friert. In frischer Luft Spaziergänge zu unternehmen hilft dem Körper, sich zu akklimatisieren. Dadurch wird die schlechte Durchblutung der Haut bei Kälte und der Kochsalzverlust durch Schwitzen bei Hitze verhindert.

Als eine der besten Vorsorgen gegen Krankheiten und Unwohlsein aufgrund von Wetterempfindlichkeit gilt eine gesunde, vor allem aber vielseitige Ernährung und ausreichendes Trinken. Jeder Erwachsene sollte täglich mindestens zwei Liter Wasser zu sich nehmen, um damit Mineralienverlusten des Körpers vorzubeugen.

Wenn auch der Sport „in Maßen", also der eigenen körperlichen Vitalität angepasst, in jeglicher Form betrieben werden sollte, müssen sich doch geschwächte Personen sehr vor Überanstrengungen schützen, die Kopfschmerzen, Übelkeit und Erbrechen verursachen könnten.

Zudem gilt Traubenzucker den Wetterempfindlichen als eine gute Medizin, da dieser das Natrium-Kalium-Gleichgewicht der Zellen aufrecht erhält, indem er überschüssiges Blutkalium in die Körperzellen zurücktreibt.

Die Liste der Anti-Wetterfühligkeits-Mittel ließe sich natürlich beliebig fortsetzen. Verraten werden aber soll noch, dass man die in der dunklen Jahreszeit auftretende Winterdepression am besten durch „Lichtduschen" therapieren kann, denn helles Licht ab einer Intensivität von 2 500 Lux zeigte eine physiologisch günstige Wirkung und hemmt die Produktion des Stimmungsdämpfers Melatonin.

Doch auch längst bekannte Hausmittel sollten nicht außer Acht gelassen werden. Ein Tässchen Fleischbrühe oder eine Prise Salz auf den Rettich schenken bei Bullenhitze einen kühlen Kopf und stärken die Gesundheit.

Deutschlands Biowetter

Belastendes Klima

Als nicht gerade gesund kann sich das Klima im Rhein-Main-Ruhr-Gebiet, am Oberrheingraben, der Kölner Bucht, im Donau- wie Inntal nennen, denn hier herrschen zumeist heißfeuchte Sommer und klamme Winter vor. Auch die in Teilbereichen vorhandene Schadstoffbelastung der Luft macht Herz-Kreislauf-Patienten wie auch Asthmatikern wie Rheumatikern zu schaffen.

Kälte-Reizklima

In den Hochalpen wie in höheren Mittelgebirgslagen ist das Kälte-Reizklima zu Hause. Nachteilig ist, dass in diesen Regionen eine hohe UV-Strahlung, heftiger Wind und belastende Temperaturschwankungen herrschen. Trotzdem ist dieses Klima beispielsweise bei Atemwegserkrankungen geeignet. Nicht anzuraten ist dieses Lebensumfeld dagegen Hypertonikern, Herzkranken, Diabetikern und Menschen, die an Bluthochdruck leiden.

Schonklima

Schonklima bedeutet milde Temperaturen, ausreichend Sonne und Wind sowie saubere Luft. Die UV-Strahlen werden durch Wald gemildert. Kurzum: Diese Luft ist gut für jedermann.

Schonklima ist im Bayerischen Wald, im Schwarzwald, in der Eifel, im Sauerland sowie im Harz, im Thüringer Wald und im Erzgebirge in Höhen bis zu 1000 m geboten.

See-Reizklima

An den Küsten von Nord- und Ostsee erwartet einen reine Luft und eine mineralstoffhaltige Meeresbrise (zum Beispiel Jod). Dieses Klima dient der körperlichen Abhärtung und regt den Kreislauf an. Menschen, die an niedrigem Blutdruck oder an Atemwegserkrankungen sowie Hauterkrankungen leiden, fühlen sich hier wohl. Weniger einladend ist dieses Klima für nervöse Menschen wie Hypertoniker.

Service

Gesundheitstipps und aktuelles Biowetter können gegen Gebühr unter der Telefonnummer (01 90) 11 54 60 abgerufen werden.

Rat über ein Klima, das krank macht, kann auch bei der Wohnortberatung des Deutschen Wetterdienstes unter der Telefonnummer (040) 60 17 32 47 oder unter www.dwd.de/biowetter eingeholt werden.

Weitere wichtige Rufnummern und Websites finden Sie ab Seite 185.

Pflanzen als Wetterfühler

Pflanzen als Wetterfühler

Wenn auch nicht in einer so großen Zahl wie bei den Tieren, so zeigen sich auch manche Pflanzen wetterfühlig und reagieren augenscheinlich auf Sonneneinstrahlung und Regenwetter. Als eines der Wetterblümchen gilt das Dreilappige Leberblümchen, auch Märzblümchen genannt. Die Blüten dieses Hahnenfußgewächses fangen gegen Abend im wahrsten Sinne des Wortes zu nicken an. Kündigt sich Regenwetter an, schließen sie vorzeitig ihre Blüten.

Ein ähnliches Verhalten legt die Echte Küchenschelle an den Tag, die ebenfalls bei trübem Wetter zu nicken beginnt. Gut beobachten lässt sich dies auch bei der Gazanie, der Mittagsblume. Sie kündigt Schlechtwetter, aber auch den Lichtabfall gegen Abend mit dem Schließen ihrer Blüten an.

Die gewissenhaften Wetterbeobachter haben so ihre Geheimnisse bei ihrer Vorhersage. So ist aus dem Muotatal in der Schweiz bekannt, dass auch Brennnesseln zur Vorhersage des Wetters herangezogen werden. Haben sie nämlich viele Löcher in ihren Blättern, soll dies ein Hinweis darauf sein, dass sich im Frühjahr des nächsten Jahres Hagel einstellt.

In weiten Teilen Europas bekannt ist die Wetterregel vom Blattaustrieb der Eschen und Eichen, die besagt:

Treibt die Esche vor der Eiche,
hält der Sommer große Bleiche.
Treibt die Eiche vor der Esche,
hält der Sommer große Wäsche.

Mit anderen Worten: Ist die Esche mit dem Austrieb ihrer Blätter früher dran als die Eiche, wird es einen schönen Sommer geben; ist es umgekehrt, werden die Sommermonate die Natur in großen Regen eintauchen.

Als ein Wetterphänomen gilt auch die Herbstzeitlose, denn ihr frühes Erblühen sagt einen frühen Herbstbeginn voraus. Diese eigenartige Pflanze, die bereits im frühen Frühjahr Blätter und Früchte treibt und zumeist in der Zeit um Ende August und Anfang September ihre blasslila gefärbten, krokusartigen, nur bei heiterem Wetter geöffneten Blüten zur Schau stellt, vermag manchen Wiesen einen regelrecht violetten Schimmer zu verleihen.

Einer Wetterregel zur Folge soll die Herbstzeitlose der Kälte gegenüber sehr feinfühlig sein. Ihre von der Knolle ausgehenden Wurzelfäden treiben im Herbst bei bevorstehendem mildem Winter nicht sehr tief, bei bevorstehendem kaltem Winter jedoch bis zu 60 cm in den Boden.

Phänologie – der Kalender der Natur

Das Wort Phänologie ist dem Griechischen entlehnt und bedeutet in wörtlicher Übersetzung die „Lehre von den Erscheinungen“. Gemeint sind die periodischen Wachstums- und Entwicklungserscheinungen aller pflanzlichen und tierischen Lebewesen in ihren zeitlichen Abhängigkeiten. Die Phänologie untersucht die Entwicklung der Pflanzen und Tiere im Jahresablauf, indem sie die Eintrittszeiten auffälliger Erscheinungen notiert. Bei **Pflanzen** sind dies beispielsweise Daten für Blattentfaltung, Blüte oder Fruchtreife und bei **Tieren** Daten für periodische Wanderungen oder bestimmte Verhaltensweisen zur Fortpflanzung.

Über die reine Beobachtung hinausgehend, vesucht die Phänologie die Gesetzmäßigkeiten im periodischen Wachstumsablauf zu ergründen.
Sie erforscht also auch die Zusammenhänge zwischen der biologischen Rhythmik und den Umwelteinflüssen, insbesondere den Witterungs- und Klimaverhältnissen.

Von Tierphänologie spricht man, wenn bestimmte Lebenserscheinungen bei Tieren datiert und ihre ökologischen Abhängigkeiten studiert werden. Die Erforschung der Zusammenhänge zwischen dem Auftreten von Vogelschwärmen in Abhängigkeit von der Großwetterlage und den sich jahreszeitlich ändernden Brut- und Nahrungsbedingungen dient beispielsweise der Flugsicherung zur Vermeidung des „Vogelschlags“ (Zusammenstöße zwischen Vögeln und Flugzeugen). Aber auch die Erforschung der Witterungs- und Klimaabhängigkeit von Nutztieren und Schädlingen ist eine Aufgabe der Tierphänologie.

Die ältesten uns bekannten vieljährigen pflanzenphänologischen Beobachtungsdaten werden in den Archiven des Kaiserlichen Hofes von Japan aufbewahrt. Es sind Daten für den Beginn der Kirschbaumblüte seit dem Jahre 705 nach Christus. Erwähnenswert sind auch pflanzen- und tierphänologische Beobachtungen, die von vier Generationen einer englischen Familie über knapp zwei Jahrhunderte, von 1736 bis 1926, in der Umgebung von Norwich aufgezeichnet und von Ivan D. Margary veröffentlicht wurden.

Den Grundstein für phänologische Beobachtungsnetze legte Carl von Linné (1707–1778). Er errichtete in Schweden ein Netz mit 18 Stationen, an denen regelmäßig nach denselben Richtlinien phänologische Beobachtungen gemacht wurden. Das Netz bestand allerdings nur von 1752 bis 1755. Das erste internationale phänologische Beobachtungsnetz wurde von der Pfälzischen Meteorologischen Gesellschaft, Societas Meteorologica Palatina, von 1780 bis 1792 betrieben.

In Deutschland und Österreich-Ungarn erfuhr die Phänologie einen deutlichen Aufschwung durch den in Wien wirkenden Meteorologen Karl Fritsch. Er erließ im April 1853 für meteorologische Stationen eine „Instruction für Vegetationsbeobachtungen“. Die Beobachter erhielten alljährlich Be-

obachtungsformulare, die am Jahresende ausgefüllt zurückgeschickt wurden. Auch die Meteorologen Hermann Hoffmann und Egon Ihne sammelten und veröffentlichten von 1879 bis 1941 nach einheitlicher Methode regelmäßig phänologische Daten von zahlreichen europäischen und einigen außereuropäischen Stationen. Untersuchungen zeigten, dass Pflanzen in ihrer Entwicklung, gleichsam als Universal-Messinstrumente, auf die Gesamtheit der Witterungseinflüsse ansprechen und mithin alle meteorologischen Faktoren „registrieren". Dies führte dazu, dass die Phänologie neben der Klimatologie bei den Wetterdiensten vieler Länder eingerichtet wurde.

Auch in Deutschland gehört das Aufgabengebiet der Phänologie seit 1936 zum Wetterdienst. Zu Beginn des Zweiten Weltkrieges berichteten etwa 10 000 Mitarbeiter über wild wachsende Pflanzen, landwirtschaftliche Kulturpflanzen, Obst, Pflanzenschädlinge und Pflanzenkrankheiten. Nach Beendigung des Krieges war die Phänologie zunächst den Wetterdiensten der verschiedenen Besatzungszonen angegliedert. In der Bundesrepublik ist die Phänologie seit 1953 Bestandteil des Deutschen Wetterdiensts (DWD), der mit dieser Einführung in die Wissenschaft der Phänologie seine derzeit 2200 ehrenamtlichen Mitarbeiter in deren Aufgabengebiet unterweist. Im Gebiet der ehemaligen DDR wurde durch den Meteorologischen Dienst (MD) ebenfalls ein phänologisches Beobachtungsnetz mit etwa 800 Mitarbeitern betrieben.

Wetter(aber)glaube

Dass sich mit der Christianisierung Wetteraberglaube und Glaube an die Hilfe Gottes bei Unwettern vermischten, ist eine alte Tatsache, deren Folgen in ländlichen Gegenden auch heute noch gepflegt werden. Vor allem dann, wenn ein schweres Gewitter heraufzieht, greift man zu den bewährten „Hausmitteln“, um deren Gefahren von Mensch und Tier, Haus und Hof abzuwenden.

Bis in die Zeit nach dem Zweiten Weltkrieg wurde in ländlichen katholischen Landstrichen auch bei starken Gewittern noch die Wetterglocke geläutet – ebenfalls zur Abwehr von Blitz und Donner.

Hat der Mond Einfluss auf das Wetter, auf Mensch und Natur?

Alles wiederholt sich auf Erden – nicht nur die Mode. Einst sagte man, dass der Mond „des Bauern Kalender“ sei, nach dem er sich schon seit von alters her richtete, ganz gleich in welche Kultur er hineingeboren wurde. Heutzutage überschlagen sich die Verlage in der Herausgabe von Mond-Kalendern, Büchern über das richtige Leben nach dem Monde, und auch Rundfunk und Fernsehen scheinen ohne Berichterstattung über die Beziehung zwischen den Mondbewegungen und unserem Leben nicht mehr auskommen zu können.

Kein anderes Himmelszeichen hat den Wetterglauben und -aberglauben von der Antike bis in unsere Tage hinein mehr bewegt als eben der Mond, dessen Lauf nun auch darauf Einfluss haben soll, ob es an dem einen oder anderen Tag gut sei, sich die Haare schneiden zu lassen oder nicht, oder dass Tomaten und Zwiebeln besser gedeihen, wenn sie an bestimmten vom Mond beeinflussten Tagen gepflanzt werden.

Keinen Zweifel gibt es darüber, dass an den Phasen des Mondes das Wetter vorhergesagt werden kann, was schon allein eine Fülle von Wettersprüchen beweist. Nachfolgend nur einige wenige Beispiele dafür:

Seht ihr den Neumond hell und rein,
so wird ein gutes Wetter sein;
ist aber Selbiger sehr rot,
so ist er vieles Windes Brot;
ist er denn bleich, so glaube frei,
dass nasse Zeit dahinter sei.

Neumond mit Wind
ist zu Regen oder Schnee gesinnt.

Neumond im hellen Kleid
bringt schöne Weinlesezeit.

Bei rotem Mond und hellen Sternen
sind Gewitter nicht gar ferne.

Vollmond mit Wind
ist zu Regen gesinnt.

Wenn'a aus Ost bläst bei Vollmondschein,
stellt sich strenge Kälte ein.

Wenn der Mond hat einen Ring,
so folgt der Regen allerding.

Wird's nach dem Neumond nächster Tag regnen,
wird solches dem ganzen Monat begegnen.

Der Mond gilt als der treueste Begleiter der Erde. Beide sind an die 4,6 Milliarden Jahre alt und rund 400 000 km voneinander entfernt. Die Temperaturen auf der Mondoberfläche schwanken zwischen plus 130 °C auf der Tagseite und minus 160 °C auf der Nachtseite. Eine Mondatmosphäre gibt es nicht, auch Wasser oder Leben sind auf dem Erdtrabanten nicht zu finden. Neuere Forschungen haben jedoch ergeben, dass es in einem 13 km tiefen Krater am Mondsüdpol Anzeichen für Eisreste geben soll.

Als erster Mensch landete Neil Armstrong mit dem amerikanischen Raumschiff Apollo 11 nach einem viertägigen Flug am 21. Juli 1969 auf dem Mond. Auch wenn er inzwischen „erreichbar" geworden ist – von seinem mystischen Charme hat der Erdtrabant bis heute deswegen nichts eingebüßt!

Wenn es zwar wissenschaftlich nicht erwiesen ist, dass bei Vollmond geschlagenes Holz besonders haltbar sein soll, so glauben viele Waldbauern dies auch heutzutage noch und halten sich fest an diese Regel. Propagiert wird das „Mondphasenholz" vor allem in Österreich, da es sich angeblich durch Verwindigungssteifigkeit und extreme Haltbarkeit auszeichnen soll. Der Grund für diese Theorie ist für Forstleute der, dass bei abnehmender Mondphase die Saftströme mehr nach außen hin fließen und dadurch das Holz später dann einen optimalen Trocknungsgrad erreicht. Denn auch Bäume, so erforschten Mitarbeiter des Schweizer Instituts für Technologie in Zürich, sind einer Art Ebbe und Flut unterworfen, da die Baumstämme bei zunehmendem Mond bis zum Vollmond minimal anschwellen. Die Veränderungen sind zwar so gering, dass sie mit bloßem Auge nicht auszumachen sind, aber sie sind messbar. Sogar isolierte Bäume ohne Wurzel und Krone zeigen das Phänomen noch, solange Zellen in ihnen am Leben sind, stellten die Forscher fest.

Gefällt werden sollten demnach die Bäume bei abnehmendem Mond oder noch besser bei Neumond. Was jedoch am wichtigsten erscheint ist, dass Bau- wie Möbelholz im Winter (Ende Dezember bis Ende Januar) geschlagen werden soll, um damit die beste Haltbarkeit zu erzielen.

Beim Christbaum gilt dagegen eine andere Regel. Er soll, damit er möglichst spät zu nadeln beginnt, bei zunehmendem Mond abgesägt werden, damit er in einem mit Wasser aufgefüllten Ständer möglichst viel Wasser aufnehmen kann.

Wissenschaftlich gesehen gibt es keine Beweise dafür, dass der Mond Gesundheitsstörungen oder Schlafwandeln auslöst. Als einziger Einfluss des Mondes auf das Erdenleben werden Ebbe und Flut akzeptiert. Der Wechsel der Gezeiten wird gemeinsam durch

Aus dem Bayerischen Wald ist folgende Geschichte über einen alten Wettermacher überliefert:

„Der Donner grollte fern herüber, fahle Blitze zuckten. Draußen am Hang bückten sich gerade die Schnitter mit der Sichel ins Korn.

Er, der Alte, war zu schwach geworden, in hohen Jahren noch mit Hand anzulegen bei der Ernte. Aber er wollte dennoch noch zu was nütze sein. Das Unwetter von seinem Hof abzuwenden, das will er versuchen – das mit felsenfestem Glauben und mit der Hilfe überirdischer Kräfte. Mit schleppenden Schritten suchte der Alte den Herrgottswinkel auf. Einen der verdörrten Zweige vom Palmbuschen brach er dort, ein Zweiglein vom Johanniskraut nahm er dazu, das immer als Wettersegen an den Fenstern seines Einödhofs steckte. Weiter legte er hinzu – wohl ein vorchristliches Opfer an die Haus- und Flurgeister – eine Krume Brot und eine Prise Salz. All dies ordnete er gar feierlich in einem Kreis inmitten der Tenne in der Scheune. Mit geweihtem Wasser gab er den Segen darüber. Dann ging er wieder in die gute Stube und brannte dort eine der zu Lichtmess gesegneten schwarz eingefärbten Wetterkerzen ab. Aus dem Gebetbuch suchte er die Litanei, die zur Abwehr von Unwettern gebräuchlich war und in der es noch in jedem Gesetzchen immer wieder heißt: ‚Vor Blitz und Ungewitter, bewahre uns, o Herr, schütze unsere Wohnungen und Fluren vor allen bösen Mächten, lasse alle Ungewitter ohne Schaden an uns vorüberziehen!‘ “

die Anziehungskräfte von Erde, Mond und Sonne ausgeübt. Deren Bewegung aktivieren die Fliehkräfte und lösen so die Gezeiten aus.

Buche oder Eiche?

Als eine der geläufigsten Wettersprüche bei einem aufziehenden Gewitter gilt der Rat bzw. die Warnung:

„Unter Buchen sollst Du suchen,
von den Eichen sollst Du weichen!“

Hierbei handelt es sich um eine Halbwahrheit, die mit einem gefährlichen Wetteraberglauben verbunden ist. Wenn man bei einer Wanderung von einem Gewitter überrascht wird, ist grundsätzlich davon abzuraten, Schutz unter hohen Bäumen, ganz gleich ob freistehend, an Waldrändern oder in den Wäldern selbst zu suchen. Das gilt für jede Baumart, denn einschlagende Blitze suchen ihre Ziele nach deren Höhe aus. Die gefährlichsten Einschlagziele sind solitär stehende Bäume, selbst wenn deren weit ausladende Äste oft wie ein Schutzschild anmuten.

Deshalb sollte man sich bei Gewittern fernhalten von Bäumen, Masten, Brückenpfeilern, Liften und Aussichtstürmen und von allem, was in der freien Landschaft in den Himmel ragt. Wenn unbewohnte Schutzhütten oder Unterstände in erreichbarer Nähe sind, dann sollte man sich in deren Mitte aufhalten. Auch Geländemulden und Hohlwege können eher vor Blitz schützen als etwa exponierte Gipfellagen.

Wetterphänomene

Der Alpenföhn

In Deutschland, Österreich und in der Schweiz gibt es hunderte von Untersuchungen und Forschungsergebnisse über den Alpenföhn, dessen Entstehung und seine Auswirkungen. Dieser Fallwind entsteht durch die auf der Südseite der Alpen aufsteigende Luft, die sich in der Folge davon durch das Abfallen im Nordalpenbereich erwärmt und innerhalb von nur wenigen Stunden zu Föhnwinden mit einer Temperatur von 10 bis 15 °C führt.

Die Häufigkeit, die Dauer und die klimatischen Auswirkungen des Föhns sind von Jahr zu Jahr sehr verschieden. In der Schweiz gibt es jedoch immer häufiger Föhn als in Österreich. Zwischen 1959 und 1963 betrug der jährliche Durchschnitt 412 Stunden Föhn – über 59 Tage verteilt – in Altdorf, gegen nur 373 Stunden Föhn – über 53 Tage verteilt – in Innsbruck.

In der 51-jährigen Beobachtungsperiode (1906 – 1957) in Innsbruck gab es insgesamt 2 825 Föhntage (Jahresmittel 67 Tage mit einer Gesamtzahl von 20 000 Föhnstunden (500 pro Jahr), sodass auf einen Föhntag durchschnittlich 7,4 Föhnstunden entfielen. Die Dauer einer mittleren Föhnperiode betrug etwas über zwei Tage, die längste Föhnperiode betrug etwas über zwei Tage, die längste Föhnperiode eines Durchschnittsjahres dauerte 6,7 Tage. Die Jahreskurve der täglichen Föhnfrequenzen zeigt eine Doppelwelle mit Höchstwerten in den Übergangsjahreszeiten (Hauptmaximum im April, sekundäres im Oktober) und gleichwertigen Minima im Winter und Sommer.

In den einzelnen Jahren stand jedoch der März an der Spitze aller Monate. Alle drei Frühjahrsmonate zusammen vereinen nahezu vier Fünftel der 41 Jahresmaxima auf sich.

Es ist seit langem bekannt, dass der Föhn bei sehr vielen Menschen typische Beschwerden auslöst, die von völliger Apathie und Lustlosigkeit einerseits bis zur Neigung zu Streit und Jähzorndelikten andererseits reichen. Dazu kommen Erscheinungen wie Muskelzucken, Herzklopfen, Kopfschmerzen oder die Zunahme von Kreislaufbeschwerden.

Die „Föhnkrankheit“ tritt vor allem in der Vorföhnperiode auf, das heißt dann, wenn in der Höhe bereits der Föhn in voller Stärke weht, in den Tälern aber noch eine stagnierende Kaltluftschicht liegt. Die Beschwerden sind im geschlossenen Raum ebenso stark wie im Freien. Man nimmt allgemein an, dass die Wirkung des Föhns auf den menschlichen Organismus über das vegetative Nervensystem geht. Über den eigentlichen Faktor, der die Beschwerden auflöst, besteht noch keine völlige Klarheit. Vermutlich sind es entweder Druckschwankungen, die durch das Schwingen der Kaltluft in den Föhntälern entstehen, oder aber Hochfrequenzstrahlungen, die von der Grenzfläche zwischen der Kaltluft und der darüber wehenden Föhnluft ausgehen. Für die zweite Hypothese spricht die Tatsache, dass Schwankungen des luftelektrischen Feldes bestimmter Frequenzen auch in geschlossenen Räumen bemerkbar werden können.

Wenn Sternschnuppen fallen

Wenn auch die Sternschnuppen nicht mit den Sterntalern im gleichnamigen Märchen zu vergleichen sind und auch nicht in dieser Fülle fallen, so beschäftigen sie doch die Gedanken der Menschen schon von jeher. Auch ihnen werden geheimnisvolle Kräfte zugemessen. Der Wetteraberglaube besagt, dass vor allem in der Zeit um den Namenstag des heiligen Laurentius am 10. August Wünsche frei sind und auch erfüllt werden, wenn eine Sternschnuppe vom Himmel fällt. In dieser Zeit sind tatsächlich die meisten Sternschnuppen am Himmel zu sehen, die im Volksmund daher auch „Laurentiustränen" genannt werden. Und dass sich gerade Liebende von alters her dieser Gunst des Himmels bedienen, versteht sich von selbst ...

Was da vom Himmel fällt, hat allerdings mit Sternen nichts zu tun. Die Lichtspuren, die über das Firmament huschen, künden von einem ständigen Bombardement der Erde mit Weltraummüll. Er stammt zum größten Teil von Kometen. Diese schmutzigen Schneebälle verlieren in Sonnennähe Material, das sich in einer Teilchenwolke anreichert. Durchfliegt die Erde auf ihrer Jahresbahn eine solche Schutthalde, kommt es zu kosmischen Kollisionen. Die meist staubkorngroßen Partikel, Meteoroide genannt, dringen in die Atmosphäre ein. Dabei stoßen sie mit Molekülen und Atomen zusammen, flammen kurz als Meteore auf und verglühen meist in 120 bis 70 km Höhe. Jährlich registrieren die Astronomen gut zwei Dutzend Meteorströme. Die Perseiden Mitte August sind die bekanntesten; ihr Usprungskomet ist Swift-Tuttle. Darüber hinaus gibt es sporadische Meteore, die keinem Schwarm angehören. Rund 40 Tonnen extraterrestrischer Trümmer prallen jeden Tag auf die Lufthülle unseres Planeten. Einige besitzen Massen von mehreren Kilogramm. Sie erzeugen die sehr hellen Feuerkugeln. Bisweilen stürzt ein solcher Brocken bis zum Erdboden – und wandert, so er gefunden wird, als Meteorit ins Museum.

Das Polarlicht

Polarlichter sind in Mitteleuropa äußerst selten, weshalb derartige Himmelserscheinungen die Menschen dort stets in Angst und Schrecken versetzen. Waren doch gerade vor dem Ausbruch des Ersten und auch des Zweiten Weltkrieges wie als böses Omen eben solche Nächte mit einem blutrot gefärbten Himmel zu erleben.

Nicht anders die Situation und Aufregung, als Mitte Oktober 1989 sich erneut ein rötlich leuchtender Nachthimmel über weite Teile Mitteleuropas zeigte. Doch die Meteorologen konnten die besorgten Beobachter beruhigen: Bei dieser Erscheinung handelte es sich um Polarlicht.

Es entsteht, wenn elektrisch geladene Teilchen von der Sonne – meist sind es Elektronen – in die Atmosphäre der Erde gelangen. Dort treffen sie auf Sauerstoffatome, bringen diese auf ein höheres Energieniveau und damit zum Leuchten. Diese Reaktion spielt sich meist in 100 km Höhe ab. Weißes oder fahles grünliches Licht bewegt sich in wellenförmigen Schleiern über den Himmel. Da die Elektronen sich jedoch nur entlang der Magnetfeldlinien am Nord- und Südpol der Erde gebündelt und senkrecht zur Erdoberfläche befinden, kann man Polarlicht vor allem in einer ringförmigen Zone um die Pole der Erde beobachten.

In mittleren Breiten kommt es nur dann zu dieser Himmelserscheinung, wenn sich auf der Sonne sehr starke und zahlreiche Eruptionen ereignen. Dann dringen so viele geladene Teilchen in die Atmosphäre ein, dass sie auch auf tiefer verlaufende Magnetlinien auftreffen. Die über der Bundesrepublik beobachtete Rotfärbung entsteht, wenn bei starken Sonnenaktivitäten in etwa 500 km Höhe Elektronen und Sauerstoffatome miteinander reagieren.

„Blasenregen“

Wenn es Blasen regnet,
bleibt das Wetter zumeist schlecht.

Regnet es Blasen, so ist mit langem, mindestens drei Tage dauerndem Regen zu rechnen. So lautet eine weit verbreitete Volksmeinung, an die fester geglaubt wird als an manche andere Wetterregel. Kann es das überhaupt, Blasen regnen?

Die Antwort lautet klar und deutlich: Ja. Die meisten von uns werden diese auffallende Erscheinung schon einmal bemerkt haben, denn eine zeitweise Blasenbildung bei Regen bestimmter Intensität lässt sich auf stehenden Gewässern, Teichen wie auf glatt und langsam fließenden Bächen oder Flüssen und auf Pfützen beobachten. Es bleibt nur die Frage, wie, warum und wann diese Blasen entstehen und ob man von ihnen aus wirklich auf das kommende Wetter schließen kann.

Offenbar haben solche Blasenregen schon in früheren Zeiten die Menschen beschäftigt. In einem alten Werk über Wetterkunde, erschienen 1788 in Wien, findet sich ein interessanter Hinweis: „Regentropfen, die im Wasser einen Wirbel bilden, deuten einen anhaltenden Regen an; solche Tropfen fallen noch herab; folglich ist sowohl die obere als niedrige Luft voll feuchter Dünste, deren sich beide zu entledigen gezwungen sind, was einen anhaltenden Regen vermuten lässt.“ Die Formulierung „... im Wasser einen Wirbel bilden ...“ kann man wohl mit Blasenbildung gleichsetzen. Mit diesem Hinweis wird zunächst klargestellt, dass die Blasen nicht fix und fertig aus den

Wolken regnen, sondern dass die Regentropfen selbst die Blasen im Wasser entstehen lassen.

Zur Physik des Vorganges der Blasenbildung beim Auftreten von Wassertropfen machte Ende des 19. Jahrhunderts der englische Gelehrte A. M. Worthington folgende Versuche: Tropfen verschiedener Größe ließ er in Wasser oder mit Milch vermischtes Wasser fallen und fotografierte den Vorgang, bei dem damaligen Stand der Fotografie eine mühselige Arbeit. Bei Tropfen von 0,2 g Gewicht und 7,2 mm Durchmesser, die aus 40 cm Höhe herabfielen, bildete sich ein Krater mit dünnen, aus Wasserspritzern bestehenden Armen nach oben und etwas auswärts. Diese Form wurde in etwa zwei Hundertstel Sekunden erreicht und hielt sich etwa eine Hundertstel Sekunde. Danach erhob sich nur nach dem Eindringen des Tropfens eine flüssige Säule bis zu 3 cm Höhe, die auf dem verdickten Kopf zunächst die (schwarz gefärbte) Tropfenmasse trug, bis diese an den Seiten herabfloss. Interessant ist übrigens, dass schon Leonardo da Vinci um das Jahr 1500 Angaben über diese Säulenform machte. Worthington ließ auch schwere Wassertropfen aus größerer Höhe in Wasser oder Milchwasser fallen. Dann entstanden größere Krater und häufig daraus auch Blasen durch Zusammenschließen des obersten Kraterrandes.

Ist nun ein solcher Blasenregen wirklich als Künder kommenden Wetters anzusehen? Diese Frage lässt sich nur mit großen Vorbehalten bejahen. Aus den Beschreibungen über die Ursachen der Blasenbildung geht hervor, dass Blasenregen nur bei großen Regentropfen beobachtet werden kann und vor allem die Oberflächenspannung des Wassers, auf dem sich Blasen bei Regen bilden, durch Verschmutzung verhältnismäßig groß sein muss. Hohe Verschmutzung findet sich aber meist nach längerer Trockenheit, große Tropfen kommen häufig bei Gewittern oder kräftigen Regenschauern vor. Diese bedeuten nicht immer den Beginn einer längeren Regenperiode. Allerdings deuten manche alten Wetterregeln darauf hin, und die Erfahrung spricht auch dafür, dass Gewitter im Sommer noch viel Regen nach sich ziehen. Luftmassen mit niedrigen Temperaturen in der Höhe (5000 m) gelangen im Sommer meistens mit gewitterhaften Regenschauern in unsere Gebiete und bringen für mehrere Tage eine Wetterverschlechterung. So könnte Blasenregen im Sommer tatsächlich einen Hinweis auf die Witterung der nächsten Zeit geben.

Wettersingularitäten

Wettersingularitäten, auch als Witterungs-Regelfälle bezeichnet, sind Tage und Zeitspannen, die nach der Wetterkunde ziemlich regelmäßig eintretende Witterungsereignisse erwarten lassen.

Um Zufälligkeiten weitgehend auszuschalten – mit anderen Worten, nicht jeder Lostag kann eine Wettersingularität bedeuten – haben sich die Meteorologen darauf geeinigt, dass man von einer Wettersingularität nur dann spricht, wenn folgende Merkmale aus der Statistik abzulesen sind: „Das Witterungsereignis muss in mindestens 67 % aller Jahre eintreten, es darf sich gegenüber dem mittleren Termin nicht um mehr als sechs Tage verfrühen oder verspäten und muss zwischen drei und zwölf Tage andauern."

Der „Märzwinter"

Die Mitteltemperatur eines Monats, in diesem Fall des März, kann sowohl dann annähernd dem langjährigen Mittel entsprechen, wenn eine zu warme und eine zu kalte Monatshälfte sich ausgleichen als auch dann, wenn während des ganzen Monats nur geringe Abweichungen vom langjährigen Mittelwert auftreten. In beiden Fällen bringt das jedoch für die Pflanzenentwicklung einen entscheidenen Unterschied. Ob es einen „Märzwinter" gibt oder nicht, ist vor allem für den Beginn der Baumblüte entscheidend. In der Regel zeigt es sich nämlich, dass eine frühe Blüte nach einem zu milden März auftritt, während eine späte Blüte nach einem zu kalten Winter erfolgt, der bis in den März hinein anhält.

In allen Jahren mit einem „Märzwinter", in denen also der Boden in 20 cm Tiefe erst in der zweiten oder gar dritten Märzdekade frostfrei wurde, erfolgte der Beginn der Obstblüte zu einem Termin, der später als der langjährige Mittelwert lag. Das galt selbst für Jahre, in denen der folgende Monat April wärmer war als normal.

Wurde dagegen der Boden bis zum 1. März frostfrei, so trat die Blütezeit viel früher als normal ein. Als Faustregel gilt deshalb: „Weist der März noch einen ausgesprochenen Märzwinter auf, so wird die Blüte später als zum langjährigen Mittelwert auftreten".

Langjährige Beobachtungen beweisen, dass in Jahren ohne Märzwinter in Süddeutschland die Apfelbäume bereits bis zu 18 Tagen früher blühten als im Mittelwert der Jahre, der mit dem 5. Mai angegeben ist. Die Mittelwerte der Blüte von Steinobst (30. April) und Birnen (2. Mai) sind der Apfelblüte recht ähnlich, weshalb auch für deren Blütebeginn der Märzwinter entscheidend ist. Jahre mit Märzwinter können die Baumblüte sogar um 13 Tage verzögern, was zum Beispiel im Jahre 1965 dazu führte, dass die Apfelbäume erst am 18. Mai zu blühen begannen, während deren Blüte im Jahre 1961 (ein Jahr ohne Märzwinter) bereits am 17. April zu sehen waren.

Die Eisheiligen

Ganz gleich, ob man mit nur vier Eisheiligen rechnet oder auch noch den heiligen Mamertus (11. Mai) im Bunde mit dem heiligen Pankratius (12. Mai), dem heiligen Servatius (13. Mai), dem heiligen Bonifatius (14. Mai) und der „kalten" heiligen Sophie (15. Mai) sieht – als überaus frostige Tage werden sie von Gärtnern, Bauern, Obstbauern und Winzern gleichermaßen in jedem Mai erneut gefürchtet. Die Ursache besteht darin, dass sich an den Namenstagen dieser (Eis-)Heiligen in Mitteleuropa zumeist eine Nordwetterlage mit Kaltlufteinbrüchen einstellt, so wie sie auch Anfang Juni zur Zeit der „Schafskälte" manch unliebsame Überraschungen bringen kann:

Servatius voller Ostwind ist,
hat schon manches Blümlein
totgeküsst.

In den beiden letzten Jahrzehnten haben sich die Eisheiligen jedoch zumeist recht gnädig gezeigt und nicht gleich ihren letzten Trumpf über den Frühling ausgespielt.

Meteorologische Thesen besagen, dass die Eisheiligen seit Jahrhunderten als eine Folge eines Nord-Süd gerichteten Kaltluft-Austausches Norddeutschland im Mittel einen Tag früher erreichen, dafür aber im Süden länger wirksam sind.

Wie auch bei den übrigen Wettersingularitäten, sollte man sich bei den Eisheiligen ebenfalls nicht genau auf die Zeit vom 11. bis 15. Mai festlegen, da diese „frostigen Bazi", wie der Volksmund sie ebenfalls nennt, auch einmal überraschend früher, ein andermal dafür wieder zu spät auftreten.

Die Schafskälte

Als ein oft unzuverlässiger Patron hinsichtlich Schönwetter gilt der Juni, der – genauso wie die Eisheiligen zwischen dem 12. und dem 15. Mai – ganz Mitteleuropa teils extreme Kälterückfälle bescheren kann. Gefürchtet ist die so genannte „Schafskälte". Auf den Tag genau lokalisieren lässt sich der Eintritt der „Schafskälte" nicht, denn während

Kahlgeschorene Schafe frösteln, wenn kurz vor dem Hochsommer die Temperaturen noch einmal stark absinken.

die einen aus Erfahrung die erste Monatshälfte für besonders anfällig halten, sehen andere Wetterbeobachter den Kälterückfall, bei dem die Höhenwindströmung auf Nordwest dreht und maritime Polarluft nach Mitteleuropa bringt, in der Häufigkeit gesehen erst in der zweiten Monatshälfte. Den um diese Zeit erstmals im Jahr geschorenen Schafen brachte es auf alle Fälle ein Frösteln selbst kurz vor dem Hochsommer. Im Juni ist es oft nicht viel wärmer als im Mai, das Monatsmittel der Temperaturen liegt nur bei 16,6 °C. Regen ist in diesem Monat durchschnittlich an über 17 Tagen zu erwarten.

Der Siebenschläfertag

Schon allein deswegen, weil durch die Kalenderreformen der Siebenschläfertag nicht immer just am heutigen 27. Juni war, sind die Vorhersagen nicht genau auf diesen tag zu justieren. Vielmehr ist eher die Wetterlage um diesen Tag für langfristige Voraussagen heranzuziehen. Die Regel zum Siebenschläfertag besagt, dass Regen an diesem Tag eine siebenwöchige Fortsetzung mit sich bringt. In Süddeutschland, so haben Aufzeichnungen ergeben, ist vom Wetter um den Siebenschläfertag eine um bis zu 80 % zutreffende Voraussage möglich, das jedoch nur dann, wenn man ihn von seiner früheren Fälligkeit her gesehen nach dem gregorianischen Kalender korrigiert, der ihn nach unserer Datumsanzeige um zehn Tage in den Juli hinein verschiebt. Man sollte deshalb auf das Wetter in der Zeit zwischen dem 5. und dem 10. Juli achten.

Weniger bekannt als die Wetterregel vom Siebenschläfertag sind die Heiligen, um die es sich an diesem Tag dreht. Der Legende nach wurden sie in Ephesus unter Kaiser Decius verfolgt. Sie schlossen sich deshalb, so die fromme Legende weiter, im Jahre 250 in eine Höhle ein, wo sie durch ein Wunder in einen 187-jährigen Tiefschlaf verfielen.

Die Hundstage

Wie das Wetter, wenn der
Hundsstern aufgeht,
so wird es bleiben, bis er untergeht.

Und weiter zur Erklärung dieser Voraussagen:

Hundstage hell und klar,
deuten auf ein gutes Jahr;
werden Regen sie bereiten,
kommen nicht die besten Zeiten.

Der Beginn der „Hundstage“ ist auf den 24. Juli datiert, wenn der Aufgang des „Hundssterns“ (Sirius) gleichzeitig mit dem Sonnenaufgang zusammenfällt. Ab dem 24. Juli ist in der Regel bis einschließlich 23. August Schönwetter mit

Höchsttemperaturen angesagt. Langjährigen Wetteraufzeichnungen nach tritt dann, wenn eben der Stern Sirius im Sternbild des Großen Hundes am Morgenhimmel sichtbar wird, eine beständige Hochdrucklage über ganz Mitteleuropa ein, die sich dann bis Ende August halten soll. Nicht von der Hand zu weisen ist, dass Anfang August Mitteleuropa mit einer Wahrscheinlichkeit bis zu 84 % vom europäischen Sommermonsun heimgesucht wird, also einer warmen, beständig wehenden Luftströmung.

Bereits die alten Ägypter registrierten die Hitzeperiode, die mit dem Aufgang des Hundssterns ihren Anfang nahm. Der griechische Arzt Hippokrates war der Meinung, dass durch die Hundstage Gallenkrankheiten ausgelöst und gefördert wurden. Im Mittel alter wurde während der Hundstage oftmals kein Gottesdienst gehalten.

Den Bauern galt der Beginn der Hundstage seit jeher als Termin für den Erntebeginn vieler Feldfrüchte, nachdem die erste Heuernte bereits eingebracht war.

Wenn die Hundstage beginnen,
stellt sich Sankt Jakobus ein
und spannt die Pferde an,

heißt ein altes Sprichwort aus Großvaters Zeiten. Heiße Hundstage wünschen sich auch die Winzer, denn eine ihrer alten Regeln besagt:

Wenn gedeihen soll der Wein,
müssen die Hundstage trocken sein,

oder anders herum:

Was die Hundstage gießen,
muss die Traube büßen.

Heiße Hundstage sollen auf einen schneereichen Winter verweisen, gemäß der „Formel“:

Sind die Hundstage heiß,
bleibt der Winter lange weiß.

Spätsommer und Altweibersommer

Nicht nur von älteren Damen, sondern auch von Späturlaubern, Bergwanderern, Festveranstaltern und dem Heer sonstiger Naturfreunde werden die Wettersingularitäten des Spätsommers

und des Altweibersommers erwartet. Beide sollte man streng genommen nicht in einen Topf werfen, da die Meteorologen den Spätsommer zu Beginn des Septembers, den Altweibersommer jedoch erst in der zweiten Septemberhälfte erwarten. Der Volksmund aber unterscheidet da nicht lange und hat beiden lang anhaltenden Trockenperioden zusammen den Namen Altweibersommer verliehen. Man schmeichelt diesen herbstlichen Wettersingularitäten auch mit dem Kosenamen „Frühling des Herbstes“. Diese kommt den Bergwanderern gerade recht, denn es ist nicht mehr so heiß, dafür aber die Sicht klarer und die Luft angenehm.

Der Name Altweibersommer rührt wohl daher, dass einst hauptsächlich die Großmütter an den Spinnrädern saßen und diese bei schönem Herbstwetter vor dem Haus stehen hatten, um so vor dem kommenden Winter noch einmal Sonne zu tanken.

Weihnachtstauwetter

Weihnachten im Schnee ist eher eine Seltenheit, das heißt, dass langjährigen Beobachtungen zufolge Mitteleuropa ein richtiges Winterwetter zum Weihnachtsfest in der Regel höchstens alle drei Jahre beschieden ist.

Selbst bei einem früheren Wintereinbruch im November ist kein Verlass darauf, dass zu Weihnachten der Boden gefroren ist und Schnee liegt, denn oft bereitet das sprichwörtliche Weihnachtstauwetter, die „Weihnachtsdepression“, kurz vor der Weihnachtswoche diesem winterlichen Glanz ein jähes Ende.

Wetterrekorde in Deutschland

Die längsten Wetterbeobachtungen in Deutschland erfolgen in Berlin seit Januar 1701, allerdings mit Unterbrechungen, seit Dezember 1755 jedoch ohne Unterbrechungen, allerdings wechselten die Standorte innerhalb Berlins. Auf dem Hohenpeißenberg im Alpenvorland (977 m über NN) erfolgt seit 1780 die längste ununterbrochene Messreihe; dort befindet sich zugleich die älteste Bergwetterstation der Erde. Folgende Rekorde in Sachen Wetter wurden registriert:

Lufttemperatur

Höchste Temperatur: 40,8 Grad am 8. August 2003 in Perl-Nenning im Saarland; noch heißer war es am 11. August 2003 in Grono im Misox/Schweiz, wo Temperaturen von 41,5 Grad gemessen wurden.
Diesen Rekorden entsprechend erhöhten sich auch die Wassertemperaturen. Sie stieg im Rekordsommer im Bodensee auf einen Spitzenwert von 26 Grad (der Rekord lag vor diesem Jahr bei 24 Grad) an.
Niedrigste Temperatur: −37,8 °C am 12. Februar 1929 in Hüll (Ortsteil von Wolnzach), Kreis Pfaffenhofen/Ilm (Niederbayern). Gemessen in der Thermometerhütte, 2 m über dem Erdboden.
Als **heißester Tag** in ganz Mitteleuropa in diesem Jahrhundert gilt der 23. Juli 1911 mit einer Höchsttemperatur von 39,9 °C – natürlich im Schatten gemessen.

Alte Wetterchroniken wissen auch davon zu erzählen, dass das Jahr 1473 so heiß und trocken gewesen sein soll, dass viele Wälder des Harzes während dieses Rekordsommers in Flammen aufgegangen sind. Extreme Trockenheit herrschte auch im Jahre 1615, als man die Weser zu Fuß durchwaten konnte, und 1719, als in Osnabrück in der Zeit vom 26. Mai bis 1. Oktober kein Tropfen Regen fiel.

Als das **wärmste Jahr** in den weltweiten Klima-Aufzeichnungen ist 1997 in die Geschichte eingegangen. Die Erddurchschnittstemperatur wurde mit 16,9 °C Celsius registriert.

Niederschlag

Zur Information: 1 mm Niederschlag = 1 Liter/m2 Bodenfläche.

Größte 24-stündige Niederschlagshöhe: 260 mm vom 6. Juli 1906, 7 Uhr MEZ, bis 7. Juli 1906, 7 Uhr MEZ, in Zeithain, Kreis Riesa (Sachsen) und vom 7. Juli 1954, 7 Uhr MEZ, bis 8. Juli 1954, 7 Uhr MEZ, in Stein, Kreis Rosenheim (Oberbayern).

Geringste monatliche Niederschlagshöhe: 0 mm im Juli 1908 in Lindenberg (Brandenburg) und in Doberlug-Kirchhain (Brandenburg) sowie im Juli 1994 in Barth (Mecklenburg-Vorpommern).

Größte jährliche Niederschlagshöhe: 3 499 mm 1944 am Purtschellerhaus (Berchtesgadenerland).
Geringste jährliche Niederschlagshöhe: 242 mm 1911 in Straußfurth (Thüringen).
Größte Niederschlagsintensität: 126 mm in 8 Minuten am 25. Mai 1920 bei Füssen (Allgäu).

Schneedecke

Höchste Schneedecke: 830 cm am 2. April 1944 auf dem Zugspitzplatt (2 650 m über NN).

Luftdruck (auf Meeresniveau [NN] reduziert)

Höchster Luftdruck: 1 057,8 hPa am 23. Juli 1907 in Berlin-Dahlem.
Niedrigster Luftdruck: 949,5 hPa am 26. Februar 1989 in Osnabrück.

Sonnenschein

Höchste monatliche Sonnenscheindauer: 403 Stunden im Juli 1994 am Kap Arkona (Insel Rügen).
Höchste jährliche Sonnenscheindauer: 2 329 Stunden im Jahr 1959 auf dem Klippeneck am südlichen Rand der Schwäbischen Alb (973 m über NN).
Geringste monatliche Sonnenscheindauer: 0 Stunden im Dezember 1965, Großer Inselberg (Thüringerwald).
Geringste jährliche Sonnenscheindauer: 936,7 Stunden im Jahr 1912 in Münster/Osnabrück (Westfalen).

Wind

Absolutes **Maximum der Windgeschwindigkeit** in Böen: 335 km/h (= 93 m/s) am 12. Juli 1985 auf der Zugspitze (registriert mit einem zum Hang geneigten Staudruckmesser in 2975 m Höhe über NN); der Staudruck betrug 541 kg/m3.

Nebel

Längste Dauer: 10 Tage in Neuhaus am Rennweg/Thüringen vom 7. bis 17. Mai 1966.
Maximale Anzahl der Tage in einem Jahr: 330 Tage auf dem Brocken im Harz auf 1142 m Höhe im Jahr 1958.

Weitere Wetterrekorde

Die wärmsten und kältesten Winter beziehungsweise Sommer in Deutschland (seit 1755) traten in folgenden Jahren auf:

- der wärmste Sommer im Jahr 1947,
- der kälteste Sommer im Jahr 1816,
- der wärmste Winter im Jahr 1974/75,
- der kälteste Winter im Jahr 1829/30.

Kleines Wetterlexikon

Abendrot
Bei Sonnenuntergang färbt sich der westliche Himmel rot. Aus dem Licht der untergehenden Sonne werden die Blaufarben herausgefiltert.

Agrarmeteorologie
Die Agrarmeteorologie beschäftigt sich mit den Auswirkungen von Witterung und Wetter auf die Landwirtschaft.

Alpenglühen
Zu einem besonders schönen Alpenglühen kommt es, wenn bei einem abendlichen Sonnenstand von 4 Grad in der Dämmerung die Berge purpur angeleuchtet werden. Alpenglühen kann aber auch kurz vor dem Sonnenaufgang entstehen, wenn sich die Schnee- und Kalkgipfel der Berge purpurrot zeigen.

Altocumulus
Schäfchenwolken, die sich in 2,5 bis 6 km Höhe zeigen.

Altostratus
Graue Wolkenschichten, die in 2,5 bis 6 km Höhe auftreten.

Altweibersommer
In Mitteleuropa alle drei bis vier Jahre auftretender Witterungs-Regelfall (Wettersingularität) einer Schönwetterperiode Ende September/Anfang Oktober.

Azorenhoch
Ein Hochdruckgebiet über den Azoren bringt zumeist Schönwetter nach Mitteleuropa. Der Luftdruck erreicht dabei rund 1 026 hPa.

Bauernregeln
Zumeist in Reimform niedergeschriebene Merksprüche zur kurz- wie langfristigen Wettervorhersage und Ernteweissagung. Von den Bauernregeln hingen vielfach auch die Termine für die bäuerlichen Arbeiten, die Tage des Aderlasses sowie allgemeine Gesundheitsregeln für Mensch und Tier ab.

Beaufort-Skala
Der britische Admiral Sir Francis Beaufort (1774–1857) teilte die Heftigkeit des Windes in eine Skala von Null bis Zwölf Stärken ein. Dabei bedeutet Null absolute Windstille und Zwölf Orkan.

Bewölkungshäufigkeit
Die Bewölkung des Himmels ist bei der Wetterbeobachtung in eine Achtelung eingeteilt. 0/8 bedeutet einen wolkenlosen Himmel, 8/8 einen völlig bedeckten Himmel.

Biometeorologie
Die Biometeorologie ist die Lehre von den Auswirkungen von Klima und Witterung auf gesunde wie kranke Menschen.

Blutregen
In Mitteleuropa nur höchst selten vorkommender, vom Saharastaub rot gefärbter Regen.

Castellanuswolken
Hierbei wachsen die Altocumuluswolken zu hohen Türmen auf und bringen meist Gewitter oder auch Regenschauer.

Cirrocumulus
Die Schäfchenwolken in einer Höhe von 6 bis 10 km sind mit Eiskristallen angefüllt.

Cumulus
Diese Haufenwolken können sich als flache wie auch mächtige Wolkenansammlungen zeigen und verleihen dem blauen Himmel eine besondere Schönheit.

Depression
Fachbezeichnung für ein entstehendes Tiefdruckgebiet.

Eisheilige
Gemeint sind damit die Namenstage von Pankratius, Servatius, Bonifatius sowie der „kalten Sophie" zwischen dem 12. und dem 15. Mai.

Eiskörner
Wenn der Regen in eine Luftschicht fällt, die kälter als 0 °C ist, gefrieren die Regentropfen zu Eis.

Eistage
Tage, an denen die Temperatur die Nullgardmarke nicht übersteigt.

Festlandhoch
Ein Festlandhoch hält sich ortsfest über Russland und das angrenzende Osteuropa. Dabei strömt bei einer Südostwindlage mildere Luft nach West- und Mitteleuropa ein. Besonders im Frühjahr und Herbst kann man sich dann über länger anhaltende Schönwetterperioden freuen.

Föhn
Diese Fallwinde entstehen durch die auf der Südseite der Alpen aufsteigende Luft, die sich in der Folge davon durch das Abfallen im Nordalpenbereich erwärmt und innerhalb von nur wenigen Stunden zu Föhnwinden mit einer Temperatur von 10 bis 15 °C führt.

Frosttage
Im Gegensatz zu den Eistagen, an denen die Temperaturen Tag und Nacht unter der Nullgradgrenze liegen, versteht man hier Tage, an denen nachts die Quecksilbersäule zwar unter Null Grad Celsius absinkt, tagsüber die Temperatur jedoch wieder über Null ansteigt.

Gewitter
Feuchtwarme Luft, die bis in Höhen von 10 km in ziemlich rascher Folge aufsteigt, bildet Cumuluswolken, im Volksmund auch „Gewitterköpfe" genannt. Diese Wolken entladen sich dann mit Blitz und Donner, Regen und oft sogar auch Hagel- und Graupelschauern.

Gewitterwind

Als Folge starker Erwärmungen des Erdbodens enstehen Wärmegewitter. So genannte Frontgewitter haben ihre Auslöser in einem Kaltlufteinbruch, der feuchtwarme Luft zum schnellen Aufsteigen veranlasst, was zur elektrischen Aufladung führt. Zieht ein Gewitter auf, so entstehen dadurch Saugwinde, denen Böen folgen. Wärmegewitter sind vor allem aus südwestlicher Richtung zu erwarten.

Graupel

Meist in der Folge eines Gewitters können sich diese undurchsichtigen Eiskörner bis zu einer Größe von 2 bis 5 mm entwickeln. Sie entstehen aus vereisten Schneeteilen und gefrorenen Wassertropfen.

Großwetterlage

Großwetterlagen halten langfristig ein Hoch-, aber auch ein Tiefdruckgebiet über weite Teile eines Kontinents fest.

Hagel

Mehr gefürchtet als Graupelschauer ist der Hagel, der Körner bis zur Größe eines Hühnereis auf die Erde niederprasseln lassen kann und Folge der Entladung eines Gewitters ist.

Halo

Diese Ringe mit einem Radius von 22 beziehungsweise 46 Grad rund um Sonne und Mond zeigen zumeist schlechtes Wetter an. Sie entstehen durch Brechung des Sonnen- beziehungsweise Mondlichts infolge von Eiskristallen, die sich in Cirruswolken befinden.

Hoch

Ein Hoch zeigt hohen Luftdruck an und bringt durch absinkende Luftbewegungen schönes Wetter mit sich. Zwischenhochs, auch Hochdruckkeile genannt, garantieren dagegen nur eine kurzfristige Wetterbesserung.

Hochsommer

Die Zeit ab Anfang Juli bis hin zur Augustmitte gilt allgemein als Hochsommer.

Hochwinter

Die Zeit von Januar bis Mitte Februar wird als Hochwinter bezeichnet.

Hof

Einen „Hof" (Aureole) legen sich Sonne und Mond durch farbig sichtbare Ringe zu, wenn ihr Licht dünne Wasserwolken durchscheint. Besonders deutlich sind diese weißgelben Farbringe sichtbar, wenn eine hohe Schichtbewölkung entsteht. Dies jedoch verspricht zumeist schlechtes Wetter in wenigen Stunden.

Hundertjähriger Kalender
Der in Bamberg zum Doktor der Theologie promovierte Abt Moritz Knauer zeichnete in den Jahren 1652 bis 1658 Tag für Tag genau das Wetter auf und leitete davon eine Wettervorhersage ab, die auch heute noch in Hauskalendern verbreitet wird.

Hundstage
Zeigt sich der Hundsstern (Sirius) am Himmel, dann kann man mit der heißesten Zeit des Jahres rechnen. Der Sirius geht dann gleichzeitig mit der Sonne auf. Die Hundstage beginnen am 24. Juli und dauern bis zum 23. August an.

Inversion
Kühlen die bodennahen Luftschichten bei einem Hoch zu stark ab, kommt es unter höherer Warmluft zu einem Kaltluftpolster, was eine Bodeninversion auslöst. Dies ist besonders im Herbst und im Winter zu beobachten.

Islandtief
Wenn über dem Atlantik in der Nähe von Island ein Tiefdruckgebiet entsteht, wird davon die gesamte Wetterlage in West-, Nord- und Mitteleuropa beeinflusst. Wind und Niederschläge lassen dann – oft in Verbindung mit einem Azorenhoch – nur eine kurzfristige Wetterbesserung über Mitteleuropa zu.

Isobaren
Mit Linien auf der Wetterkarte werden Orte mit gleichem Luftdruck verbunden.

Isothermen
Mit Linien auf der Wetterkarte werden Orte mit gleichen Temperaturen verbunden.

Kahlfröste
Aufgelaufene Wintersaaten ohne Schneebedeckung („kahl“) sind besonders frostempfindlich, daher sind Kahlfröste bei Landwirten besonders gefürchtet.

Klimatologie
Forschungsgebiet der Klimaerkundung, der sich Meteorologen, Biologen und Mediziner gleichermaßen bedienen.

Landregen
Über viele Stunden andauernder gleichmäßiger Regen. Er fällt aus Schichtwolken und bringt meist Regenmengen von etwa 5 bis 20 Liter pro Quadratmeter und Tag.

Lostage, Lurtage
Über Jahrhunderte versuchte man, vom Wetter bestimmter Tage – meist Namenstage von Heiligen – die Witterung für einen mehr oder weniger längeren Folgezeitraum abzuleiten. Zumeist stammen diese Lostage bereits aus dem späten Mittelalter. Insgesamt kennt der Volksglaube an die 80 Lostage, die vor allem mit entscheidend für den Beginn landwirtschaftlicher Arbeiten von der Aussaat bis zur Ernte waren.

Luftdruck
Die Luftdruckmessung, also die Messung des Gewichts des atmosphärischen Drucks auf jeden Ort der Erdoberfläche, ist eine der wichtigsten

Voraussetzungen zur Bestimmung der Wetterentwicklung. Der Luftdruck wird dabei in Hektopascal (hPa) angegeben. Ein mittlerer Luftdruck herrscht am Meer und liegt bei 1013 hPa, ein hoher Luftdruck ist bei einem sibirischen Hoch (1082 hPa) zu erwarten. In Hurrikangebieten kann der Luftdruck dagegen auf 880 hPa abfallen.

Hektopascal ist das Einheitszeichen für den Luftdruck. Er gilt seit dem 1. 1. 1984 verbindlich für alle Staaten, die Mitglied der Weltorganisation für Meteorologie sind. Mit der Einheit Hektopascal wurde die Einheit Millibar abgelöst, wobei sich jedoch der Wert nicht änderte (1 Hektopascal = 1 Millibar).

Luftfeuchtigkeit
Der Anteil des Wasserdampfs in der Luft. Er wird in Prozent angegeben.

Makroklima
Ein Klimamessraum, der sich über einen Durchmesser von 2000 km erstreckt.

Mesoklima
Das Klima in räumlichen Ausdehnungen mit 2 bis 2000 km Durchmesser.

Meteorologica
Ältestes erhaltenes Lehrbuch der Meteorologie, 350 vor Christus von Aristoteles verfasst. Erklärendes Prinzip ist der Kreislauf der vier Elemente Wasser, Erde, Feuer und Luft.

Meteorologie
Die Meteorologie beschäftigt sich mit der Wissenschaft der physikalischen Vorgänge, die sich in der Erdatmosphäre bis in Höhen von 60 km abspielen.

Mikroklima
Hierbei beschränken sich die klimatischen Beobachtungen auf einen Raum mit einer Ausdehnung von nur 2 km Durchmesser.

Millimeter Niederschlag
Regenmaß. Wenn auf einer ebenen, großen Fläche das Niederschlagswasser 1 mm hoch steht, so sind 1 Liter Wasser auf jeden Quadratmeter gefallen.

Nebel
Reichert sich die Luft mit kleinen Wassertröpfchen an und wird dadurch mehr oder weniger stark undurchsichtig, kommt es zum Nebel, womit die Sichtweite unter einen Kilometer sinkt. Beim Nebel mischt sich feuchte Warmluft mit Kaltluft. Unterschieden wird zwischen Hoch- und Bodennebel.

Raunächte
Die zwölf Tage zwischen dem Weihnachtsfest und dem Dreikönigstag werden seit altersher als Raunächte bezeichnet. Sie sollen für den Menschen schicksals-, für die Natur wetterbestimmend sein.

Raureif, Raufrost
Wenn die Temperatur bei Nebellagen unter 0 °C sinkt, entsteht Raufrost beziehungsweise Raureif.

Regenbogen
Wenn das Sonnenlicht seitlich auf eine Schauerwolke trifft, dann entsteht infolge der Lichtbrechung ein Regenbo-

gen in den Spektralfarben von Rot bis Violett. Oft kann auch ein Regenbogen gleich zweifach am Himmel zu sehen sein. Allerdings geschieht dies nur, wenn größere Regentropfen das Sonnenlicht reflektieren.

Regenschauer
Fällt aus Quellwolken, bevorzugt im Sommer. Dauer kaum über eine Stunde. Beträchtliche Mengen sind möglich, in extremen Fällen über 100 mm.

Reif
Beim Reif handelt es sich um überfrorenen Tau, wenn die Lufttemperatur unter den Gefrierpunkt absinkt.

Saurer Regen
Wenn Niederschläge zu sehr mit Schwefel- und Salpetersäure angereichert sind, was vor allem in Folge von Umweltverschmutzung vorkommt, spricht man von saurem Regen.

Schadfröste
Pflanzen beziehungsweise Pflanzenteile (zum Beispiel Getreide, Obstblüten) haben je nach Vegetationsstand Temperaturschwellen, bei deren Unterschreitung es zu Frostschäden an Blättern oder Knospen kommt.

Schafskälte
Für die erste Junihälfte ist die Schafskälte sprichwörtlich, da die um diese Zeit meist schon geschorenen Schafe durch den plötzlichen Kälteeinbruch überrascht werden. Sie entsteht durch eine vor allem um diese Zeit auftretende Nordwetterlage mit Eintrag von Kaltluft. Die Schafskälte klingt jedoch innerhalb weniger Tage wieder ab und ist deshalb nicht für die Großwetterlage bestimmend.

Schwüle
Schwül wird das Wetter, wenn eine relativ hohe Luftfeuchtigkeit von 75 % mit Temperaturen von über 20 °C zusammentrifft.

Sommertag
Von einem Sommertag spricht man, wenn tagsüber Temperaturen von über 25 °C erreicht werden.

Starkregen
Fällt innerhalb einer einzigen Stunde eine Niederschlagsmenge von 17 Litern pro Quadratmeter (mm), spricht man von einem Starkregen.

Stratocumulus
Ein Stratocumulus-Wolkenfeld besteht aus größeren Wolkenhaufen, um die sich helle Ränder bilden, was vor allem bei Hochdruckgebieten die Regel sein kann.

Sturm
Windstärke 9 nach der Beaufort-Skala bedeutet Sturm.

Tau
Niederschlag an der Vegetation, meist in kalten Nächten. Kaum mehr als einige Zehntel Millimeter.

Tief
Als Tief gilt eine Wetterlage mit niedrigem Luftdruck. Auf der Nordhalbkugel der Erde drehen sich die Winde entgegen des Uhrzeigersinns. Ein Tief bringt Regenwolken und damit niederschlagsreiches Wetter.

Tropentag
Erreicht die Quecksilbersäule einmal die 30-Grad-Marke, spricht man von einem Tropentag.

Vernalisation
Winterlicher Kältereiz für das Getreide. Die Frosttiefe, nicht die Dauer, bestimmt dabei die Qualität der generativen Pflanzenentwicklung im Frühjahr und damit auch die Ernteerträge.

Wechselfröste
Bei Hochdrucklagen im Frühjahr kommt es an der Krumenoberfläche nachts zu Frösten und tags zum Auftauen. Bei diesem Wechselspiel der Temperaturen können Winterungen durch Wurzelabrisse geschädigt werden.

Weihnachtstauwetter
Ein früher Wintereinbruch kann oft zu einem weihnachtlichen Tauwetter, zu einer so genannten Weihnachtsdepression führen.

Wetterleuchten
Entfernt niedergehende Blitze, deren Donner nicht mehr zu hören ist, leuchten die Wolken an und erhellen damit den nächtlichen Himmel über große Entfernungen hinweg.

Wettersatelliten
Aus einer Höhe von 1000 km (polarumlaufende Wettersatelliten) und von bis zu über 30 000 km Höhe (geostationäre Wettersatelliten) sind sie wichtigste Hilfsmittel bei der Wetterbeobachtung und bei der Wettervorhersage.

Wettersingularitäten
Witterungs-Regelfälle. Bestimmte Großwetterlagen (zum Beispiel Altweibersommer, Eisheilige), die sich jahreszeitlich häufig, aber nicht immer einstellen (etwa in 60 bis 80 % der Jahre).

Windgeschwindigkeit
Die Windgeschwindigkeit wird in Metern pro Sekunde der zurückgelegten Luft gemessen. Sie wird auch in Knoten angegeben:
1 Knoten = 1,85 Kilometer.

Wolkenbruch
Von einem Wolkenbruch spricht man, wenn innerhalb von einer Stunde auf einen Quadratmeter Boden 60 Liter Regen niederprasseln.

Zwischenhoch
Ein Zwischenhoch zwischen dicht aufeinander folgenden Tiefdruckgebieten verspricht für ein oder auch zwei Tage schöneres Wetter.

8 16

10 12

12

KL Januari[us] h[abe]t xxxi d

	A	Circu[m]cisio d[omi]ni.	a
viii	b	Octaua Stephani.	b
xvi	c	Oct[aua] Johannis.	c
	d	Oct[aua] innoce[n]tu[m]	d
v	e	Thelesphori	e
	f	Epiphania d[omi]ni	f
xiii	g	Relat[io] ih[es]u de egip[to]	g
ii	A	Erhardi. ep[iscop]i	h
	b	Juliani et basilisse	i
x	c	pauli p[rimi] [heremite]	k
xviii	d	Saluii	l
vii	e	Satiri m[artyris]	m
	f	hylarii Oct[aua] ep[iphanie]	n
xv	g	Felicis c[on]fess[oris]	o
	A	Mauri abb[at]is	p
iiii	b	Medardi	q
xii	c	Anthonii abba	r
	d	Prisce v[ir]g[inis]	s
i	e	Germanici m[artyris]	s
	f	Fabia[n]i [et] sebasti	t
ix	g	Agnetis virginis	v
xvii	A	Vincencii [et] [anastasii] m[arty]ris	u
	b	Emerenciane	x
vi	c	Thimothei ap[osto]li	y
xiiii	d	Conu[er]sio pauli	4
iii	e	Policarpi ep[iscop]i	z
	f	Juliani ep[iscop]i	4
xi	g	Iuliani co[n]fessoris	a
	A	Agnetis s[e]c[un]do	b
xix	b	Valerii [?] v[ir]g[inis]	c
viii	c	Metrani m[artyris]	d

KL Februari[us] xxviii.

	d	Ignaci[us]. brigide	e
xvi	e	purificac[i]o marie	f
	f	Blasii m[arty]ris ep[iscop]i	g
v	g		h
xiii	A	Agathe virginis	i
	b	Dorothee virg[inis]	k
ii	c	Moysetis ep[iscop]i	l
x	d	Helene	m
xviii	e	Appollo[n]i[e]	n
	f	Scolastice	o
vii	g	Eufrasia v[irginis]	p
	A	Eulalie	q
xv	b	Policarpi m[artyris]	r
iiii	c	Valentini m[arty]r[is]	s
	d	Faustini m[artyris]	s
xii	e	Juliane virg.	t
	f	Polocronii ep[iscop]i	v
i	g	Symeonis ep[iscop]i	u
ix	A	Gabini m[artyris]	x
	b	Patrini	y
xvii	c	Veroli co[n]fess[oris]	4
vi	d	kathedra petri	z
	e	Sereni monachi	4
xiiii	f	Mathie ap[osto]li	a
iii	g	Victorini	b
xi	A	Alexandri ep[iscop]i	c
	b	Leandri ep[iscop]i	d
xix	c	Romani abb[at]is	e

Her Magister Johannes
De Gamundia

KL Marcius xxxi.

	d	Albini ep[iscop]i	
viii	e	Jouini [et] basilei	
	f	Kunguudi v[irginis]	
xvi	g	Lucii pape	
v	A	Focę m[artyris]	
xiii	b	Juliani ep[iscop]i	
ii	c	perpetue et felicit[atis]	
	d	Ponci dyaconi	
x	e	Gorgonii	
	f	Arali	
xviii	g	xl milit[um]	
vii	A	Gregorii	
	b	Macedonii p[res]b[yteri]	
xv	c	Oct[aua] thome	
	d	longini m[artyris]	
iiii	e	Cyriaci dyaconi	
xii	f	Gertrudis v[irginis]	
	g	Alexandri ep[iscop]i	
i	A	Josephi marie [sponsi]	
ix	b	Cuthberti	
xvii	c	Benedicti abb[at]is	
	d	Pauli ep[iscop]i	
vi	e	Theodori p[res]b[yteri]	
xiiii	f	Pigmenii p[res]b[yteri]	
	g	Annu[n]ciacio marie	
iii	A	Castoli m[artyris]	
	b	Johis heremite	
xi	c	Guntrami regis	
	d	Eustachii abb[at]is	
xix	e	Quirini m[artyris]	
viii	f	Balbine v[ir]g[inis]	

Bauern- und Wetterregeln durch das Jahr

Januar
Jänner

Hartung
Hartmond
Eismonat
Dreikönigsmonat
Lassmonat

Sonne und Mond

Der Tag wächst im Januar um eine Stunde und neun Minuten (MEZ, Kassel, siehe Seite 184).

	Monatsbeginn	Monatsende
Sonnenaufgang	8.27 Uhr	8.03 Uhr
Sonnenuntergang	16.24 Uhr	17.09 Uhr
Mondaufgang	3.00 Uhr	4.01 Uhr
Monduntergang	23.34 Uhr	13.01 Uhr

Für den Januar als klassischen Wintermonat kannten die Altvordern im Laufe der Jahrhunderte viele Namen. Man nannte ihn „Wintermonat“ wie auch „Eismonat“, „Hartung“ oder „Hartmond“, was von der althochdeutschen Sprache abgeleitet wurde, als „hart“ für stark und streng stand. In alten Kalendern kann man auch „Harremonat“ sowie „Dreikönigsmonat“ lesen. Auch „Lassmonat“ wurde er genannt, der erste Monat im Jahr, weil die Dorfbader ihn als den günstigsten zum Aderlassen auserkoren hatten.

Sein jetziger Name kommt aus dem römischen Kalender, in dem er Januaris hieß, also dem Gott Janus geweiht war, weil diese römische Gottheit als Gott des Torbogens, des Anfangs und Neubeginns verehrt wurde.

Was sind „Schwendtage“?
Besondere Bedeutung hatten im bäuerlichen Glauben einst die aufs Altertum, vor allem auf die römische Zeit zurückzuführenden „verworfenen Tage“, auch „Schwendtage“ genannt. Warum und wieso, darüber gibt es keine schlüssige Aussage. Überliefert ist jedoch, dass man an diesen Schwendtagen keine allzu großen „Schritte“ tun sollte. Abgeraten wurde an diesen Tagen davon, eine neue Arbeit zu beginnen oder gar eine größere Reise anzutreten.

Schwendtage im Januar

Verworfene Tage sind der 2., der 3., der 4. und der 18. Januar.

Tierkreiszeichen

Bis zum 20. Januar ist (beginnend am 22. Dezember) der Steinbock (Capricornus) dominant, der am 21. Januar bis zum 19. Februar vom Wassermann (Aquarius) abgelöst wird.

Das Januar-Klima

Der Januar gilt als der kälteste und damit strengste Wintermonat, weil er den „Hochwinter“ eröffnet. Die Winterzeit ist durch drei unterschiedliche Phasen gekennzeichnet, die jedoch nicht jedes Jahr gleich verlaufen. Mit besonders starken Klimaschwankungen ist im Frühwinter, im Dezember zu rechnen, der zu Weihnachten sogar mit einem milden „Lüfterl“ überraschen und damit „Weihnachtsdepressionen“ auslösen kann. Die dritte Winterphase wird erst im Februar eingeleitet, wenn die Temperaturen schon wieder leicht zu steigen beginnen, aber dennoch mit oft noch intensiveren Schneefällen als im Januar zu rechnen ist

Die klimatologischen Mittelwerte für den Monat Januar liegen vom Meer (Nord- und Ostsee) bis zu den Alpen im mittleren Tagesmaximum zwischen 1,1 °C (München und Alpenraum) und 4 °C (Freiburg), während an der Nord- und Ostsee selbst die Temperaturen maximal bei 2 °C liegen. Vor allem in den Mittelgebirgsgegenden, wie der des Bayerischen Waldes, können die nächtlichen Temperaturen durchaus bis unter −30 °C fallen (gemessen in einer Höhe von 2 m über der Schneedecke). Im Alpenraum selbst liegt die mittlere Tagesminimumtemperatur bei −5,7 °C (Mittel der Beobachtungen zwischen den Jahren 1930 und 1960). In Freiburg ist es dagegen äußerst mild, da hier die Minimumtemperaturen im Durchschnitt bei 1,6 °C liegen. An Nord- und Ostsee gilt ein Tagesminimum von 2,1 °C, im Rheinland von 1,1 °C.

Gebietsweise sehr unterschiedlich sind natürlich auch die Frosttage, die in Mittelgebirgsgegenden (wie zum Beispiel auf der Wasserkuppe) einen Mittelwert von 28,7 Tagen verbuchen, während Schleswig-Holstein nur 19,7 zu beklagen hat.

Der Januar gilt nach dem November und Dezember als überaus sonnenarmer Monat, in dem nur zwischen 40 Stunden (Essen) und 65 Stunden (München) Sonnenschein registriert werden, während es ein schöner Juli bis auf 300 Sonnenstunden bringen kann.

Das langjährige Mittel lässt also keinen Zweifel daran, dass der Januar der kälteste Monat im ganzen Jahr ist, selbst wenn auch ihm ein launischer Charakter nachgesagt wird. Gerät nämlich Europa in eine Westwetterlage, die oft wochenlang anhalten kann und gegen die rauen Ostwinde ankämpfen muss, so gibt es ein mildes und in der Folge davon niederschlagreiches Wetter, zumeist als Schnee, manchmal aber auch als Regen. Doch es kann auch anders kommen, was am häufigsten geschieht: An der Südseite eines Hochs dreht sich die Luftströmung auf östliche wie nordöstliche Richtung, was Kaltluft verspricht, die Temperaturen tief in den Keller rutschen und in Mittelgebirgsgegenden die Kälte um −20 °C „knacken“ lässt.

Sprichwörtlich für den Januar ist die Neujahrskälte, die bis zum Dreikönigstag anhalten kann. Und immer öfter ist es in den vergangenen Jahren vorgekommen, dass es – bedingt durch atlantische Tiefausläufer – selbst in den Alpen eine grüne Weihnacht gegeben hat und erst, als die Weihnachtsurlauber weg waren, der langersehnte Schnee kam. Ab der Monatsmitte kann dann zumeist mit einem länger anhaltenden Hoch gerechnet werden, also mit Sonnenschein und klaren, aber dafür sehr kalten Nächten.

Meteorologische Januar-Rückschau

Für jähe sowie extreme Kälteeinbrüche ist der Januar seit altersher bekannt, wenn es auch andererseits recht milde Zeiten in diesem ersten Monat im Jahr gegeben hat. Überaus frostig ließ sich der Einstieg ins neue Jahr zur Jahreswende 1978/79 an. Es gab einen für das 20. Jahrhundert einmaligen Kälteeinbruch auf −19 °C (registriert in Halle). Der „Eis- und Schneemonat" machte auch am 14. Januar 1987 seinem Namen mit −24,2 °C alle Ehre und überstieg damit den Wert vom 12. Januar 1940, an dem −23 °C gemessen wurden. Wenn dazu auch noch eine entsprechende Schneedecke fehlt, ist es um die Saaten arg bestellt.

Doch wer Strenge zeigen kann, der hat auch Milde in seinem Sack. Nach alten Aufzeichnungen haben im Januar 1186 die Bäume geblüht und im Mai war bereits das Getreide reif. Und obwohl es unglaublich klingt, sollen im Jahr 1289 Mitte Dezember die Knaben in den Flüssen gebadet, im Januar 1290 die Vögel gebrütet, die Rebstöcke geblüht und man frische Erdbeeren gefunden haben.

Die höchsten, zum Beispiel in Mitteldeutschland gemessenen Januartemperaturen liegen bei plus 15,8 °C. In den Jahren 1887, 1929, 1940, 1945 und 1979 wurden dagegen im Januar sage und schreibe jeweils 30 Frosttage gezählt.

Phänologie – der Kalender der Natur

Der Frühling ist, abgesehen von ganz und gar der Kälte widerstehenden Winterblühern, noch weit entfernt. Zum Jahresbeginn grünt jedoch – zumeist nur in Gärtnereien und Blumengeschäften – ein besonderer Glücksbringer: der „Glücksklee". Im botanischen Sinne ist der Glücksklee gar kein richtiger Klee, sondern ein aus Mexiko stammender Sauerklee mit dem Namen *Oxalis deppei*. Er ist verwandt mit Sauerkleearten, die bei uns heimisch sind, mit *Oxalis europaea*, die in Gärten und auf Äckern häufig als Unkraut vorkommen, und mit *Oxalis acetosella*, das in unseren Wäldern wächst. Bei diesen Arten ist das Glück allerdings dünn gesät, denn sie besitzen fast ausschließlich dreizählige Blätter. Dem mexikanischen Glücksklee ist dagegen seine Vierblättrigkeit angeboren.

Blütezeit im Garten

Im Garten fangen zu blühen an: Schneeheide, Christrosen, Zaubernuss *(Hamamelis japonica)*, in geschützteren Lagen auch der Jasmin. Zudem blühen auch der rosafarbene Duftschneeball und die rosarote Winterkirsche.

Aussaat- und Pflanzkalender

Unter Glas ausgesät werden können bereits Saatzwiebel, Sommerlauch, Weißkohl, Wirsing und Kohlrabi. Bei frostfreiem Wetter können die ersten Gehölze (Ausnahme Nadelhölzer und Immergrün) gepflanzt werden. Doch Zuwarten ist besser!

Allerlei nützliche Ratschläge für Garten, Haus und Hof

An frostfreien Tagen kann mit dem Strauch- und Obstbaumschnitt begon-

Kränkelnde Menschen wurden im Januar gerne zur „Ader gelassen".

nen werden. Gewässert werden sollten Bäume und Nadelgehölze.

Im Keller sollte man fauliges Obst aussortieren und die Blumenzwiebeln ebenfalls auf Fäulnisstellen überprüfen.

Volksmedizin

Wie der altdeutsche Monatsname schon sagt, wurde im ersten Monat des Jahres gerne „zur Ader gelassen".

Wieviel Kälte der Mensch verträgt, hängt von einer Vielzahl von Faktoren ab. Körperbau und Muskelarbeit spielen dabei ebenso eine Rolle wie die richtige Kleidung, Wind und Feuchtigkeit in der Luft. In einem Lehrbuch der inneren Medizin steht geschrieben: „Lokale Erfrierungen aller Grade und Kältetod können auch bei Temperaturen über 0 °C eintreten, wenn zum Beispiel der überanstrengte Körper in nasser Kleidung bei windigem Wetter einige Zeit unbewegt liegt."

Typisch für eine Unterkühlung sind Zittern und Muskelsteife. Bei zu starker Kälteeinwirkung können Blutdruck und Körpertemperatur absinken. Nase, Ohren, Finger und Zehen werden bläulich, Benommenheit kann auftreten. Sinkt die Körpertemperatur auf 26 °C, ist der Mensch nicht mehr ansprechbar. Bei weniger als 20 °C gilt Medizinern zufolge die tödliche Schwelle als überschritten. Es kommt zum Herzversagen.

Die Therapie bei Unterkühlung besteht in einer Erwärmung, gegebenenfalls in einem Warmwasserbad. In schweren Fällen sind künstliche Beatmung, Herzmassage und Kreislaufmittel erforderlich. Den von Erfrierungen Bedrohten Alkohol einzuflößen, gilt jedoch als medizinischer Kunstfehler. Abgeraten wird auch davon, in ein zu heißes Bad zu steigen, weil dadurch das Gewebe geschädigt werden könnte.

Bauern- und Wetterregeln

1. Januar (Lostag)
Neujahr
Maria, Odillo, Wilhelm, Basilius, Fulgentius

Was sind Lostage?

Über Jahrhunderte versuchte man, vom Wetter bestimmter „Lostage" – meist handelte es sich dabei um die Namenstage bestimmter Heiliger – die Witterung für einen mehr oder weniger längeren Folgezeitraum abzuleiten. Die meisten Lostage stammen aus dem späten Mittelalter. Insgesamt kennt der Volksglaube an die 80 solcher Tage, die vor allem mit entscheidend für den Beginn landwirtschaftlicher Arbeiten von der Aussaat bis zur Ernte waren.

Wenn an Neujahr die Sonne lacht,
gibt es viel Fische in Fluss und Bach.

Zu Neujahr still und klar –
wird's bringen ein gutes neues Jahr.

Schöner Neujahrstag –
schöner August.

Morgenrot am Neujahrstag
Unwetter bringt und große Plag.

Morgenrot im Januar
deutet auf viele Gewitter im Sommer.

Ein Jahr, das schlecht sein will,
stellt sich schwimmend ein.

Wo an Neujahr die Stürme brausen,
kann keine Krankheit fürderhin
hausen.

Gerade am Neujahrstag versuchten Bauern wie Edelleute das Wetter für das kommende Jahr zu deuten.

2. Januar (Lostag)
Makarios, Adalhard, Gregor von Naziana, Irmina

Wie das Wetter zu Makarius war,
so wird's im September –
trüb oder klar.
Werden die Tage länger,
wird der Winter strenger.

Dass man bereits ab Weihnachten, also kurz nach der Wintersonnenwende, bereits wieder den länger werdenden Tagen entgegenfieberte, beweist ein uraltes Sprichwort:

Weihnachten um einen Mückenschritt,
Neujahr um einen Hahnentritt,
Dreikönig um einen Hirschensprung,
Lichtmess dann um eine ganze Stund'.

3. Januar
Irmina, Genoveva, Theoderich, Cordius, Peterus, Adula

Januarsonne
hat weder Kraft noch Wonne.

Wenn's zu Neujahrsbeginn Regen gibt,
oft an Ostern Schnee noch stiebt.

4. Januar
Marius, Angela, Roger, Rigobert, Angela, Benedicta, Liowizo

Ist der Januar nass und warm,
wird der reichste Bauer arm.

Knarrt im Januar Eis und Schnee,
gibt's zur Ernt' viel Korn und Klee.

5. Januar
Johann Nepomuk, Ämiliana, Gerlach, Eduard, Simeon, Emilie, Telephorus

Brauchtum:
In der Nacht zu Neujahr wird vor allem im Alpenländischen mit Böllern das neue Jahr angeschossen. Kinder sagen ihren Eltern, Großeltern und Nachbarn Segenssprüche auf. In neuerer Zeit schenkt man sich kleine Töpfe mit Glücksklee und einem Kaminkehrer-Anstecker darauf.

Brauchtum:
Am Vorabend des Dreikönigstages wird Weihrauch auf glühende Kohlen gestreut, um damit Haus und Hof „auszuräuchern", also mit Weihrauchduft zu füllen. An die Türen und Tore werden neben der neuen Jahreszahl die Anfangsbuchstaben der Heiligen Drei Könige, also Kaspar, Melchior und Balthasar, geschrieben: 20 K + M + B 09.

Wenn der Frost im Januar nicht kommt, zeigt er erst im Lenz sein wahres Gesicht.

Jännerwetter wie im März
ist für Bauern und Gärtner
ein schlechter Scherz.

War bis zum Hl. Dreikönig kein Winter,
folgt kein strenger mehr dahinter.

6. Januar (Lostag)
Heilig Dreikönig, Erscheinung des Herrn
Kaspar, Melchior und Balthasar

Kommt an Heilig Dreikönig
Schnee und Eis,
wird der Sommer trocken und heiß.

An Heilig Dreikönig sonnig und still,
der Winter vor Ostern
nicht weichen will.

Heilige Drei Könige kommen
oder gehen zu Wasser.

Brauchtum:
Seit altersher ziehen vor und am Dreikönigstag die Sternsinger von Haus zu Haus, um Segenslieder zu singen und die Wohnungen mit Weihrauch auszuräuchern.

Ist Dreikönig hell und klar,
gibt's viel Wein in diesem Jahr.

Kann man am Dreikönigsabend um Mitternacht drei Sterne durch den Rauchfang sehen,
so muss ein frischer Trunk gezapft werden, denn es gibt ein gutes Weinjahr.

Dreikönig ohne Eis –
Pankratius (12. Mai) weiß.

7. Januar
Taufe des Herrn
Sigrid, Valentin, Virginia, Tilman, Reinhold, Knut

Wenn es keinen strengen Winter gibt,
folgt meist auch kein guter Sommer.

Wenn die Fliegen spielen im Januar,
kommt noch Kälte im Februar.

8. Januar
Severin, Heinrich, Gundula, Erhard, Baldwin, Apollinaris

Erhard mit der Hack
steckt die Weihnachtstäg in den Sack.

Schlummert im milden Jänner
das Grün,
so wird zeitig der Garten blühn.

9. Januar
Adrian, Julian, Eberhard, Alix, Vitalis, Marzellinus, Siegbert

Sankt Julien bricht das Eis,
bricht er es nicht, umarmt er es.

Mückenspiel im Januar,
wird das Wiesenfutter rar.

10. Januar (Lostag)
Gregor, Agathe, Walarich, Paulus von Theben, Wilhelm von Burges

Am 10. Januar Sonnenschein
bringt viel Korn und reichlich Wein.
An Agathe Sonnenschein
sorgt für sehr viel Korn und Wein.

11. Januar
Theo, Ernst der Bekenner, Paulinus, Johannes, Mathilde, Tasso

Die Erde muss ein Bettuch haben,
soll sie der Winterschlummer laben.

Winter weich – Friedhof reich.

12. Januar
Hilde, Tatiana, Remigius von Reims, Ernst, Volkshold, Benediktus von England

Ist der Januar hell und weiß,
wird der Sommer schön und heiß.

Ist der Januar feucht und lau,
wird das Frühjahr trocken und rau.

13. Januar
Gottfried, Jutta, Hilarius von Poitiers, Leontius, Veronika, Gottfried, Leontius

14. Januar
Reiner, Felix von Nola, Engelmar, Benno, Macrina, Pia

So viele Tropfen im Jänner –
so viel Schnee im Mai.

Wirft der Maulwurf im Januar auf,
dauert der Winter bisweilen bis Mai.

Braut der Jänner Nebel gar,
wird das Frühjahr nass fürwahr.

15. Januar
Maurus, Paulus (Einsiedler), Roland, Isidor, Ulrich, Heinrich, Ida

Eine dicke Decke Schnee
bringt das Winterkorn in die Höh'.

So hoch der Schnee –
so hoch wird das Gras.

Ist der Januar nicht nass,
füllet sich des Winzers Fass.

Im Januar Reif ohne Schnee
tut Bäumen, Bergen wie Tälern weh.

Ist's an St. Paul gelinde,
folgen bald raue Winde.

Wenn's um diese Zeit noch Regen gibt,
oft zu Ostern es Schnee noch gibt.

16. Januar
Ulrich, Georg Spaltin, Marcellus I., Priszilla, Roland

Der heilige Antonius von Ägypten

Brauchtum:
Sankt Sebastian, dessen Namenstag am 20. Januar gefeiert wird, gilt in obstreichen Gegenden als der Mostheilige. Das deshalb, weil er bei seinem Martyrium – er wurde mit Pfeilen hingerichtet – an einen Obstbaum gefesselt gewesen sein soll. An diesem Tag legen all jene Menschen, die auf guten Most, also Apfel- und Birnenwein, etwas halten, einen Fasttag ein. Als Dank für dieses Opfer, so der bäuerliche Glaube, soll der heilige Sebastian als Fürsprecher dafür dienen, dass einem ein reiches Erntejahr beschieden ist. In Mostgegenden, so zum Beispiel in Ober- und Niederösterreich sowie in Nord- und Südtirol, wird als Fastenopfer weder Most getrunken noch Obst gegessen.

Tanzen im Januar die Mucken,
muss sich der Bauer um Futter umgucken.

Januarnebel bringt bei Ostwind Tau,
der Westwind treibt ihn aus der Au.

Donnert's im Januar überm Feld,
kommt später dann große Kält.

17. Januar (Lostag)
Beatrix, Rosa, Gamelbert, Diodorus, Antonius von Ägypten

Große Kält am Antoniustag,
große Hitz am Lorenzitag
(10. August),
doch keine lange dauern mag.

Ist zu Antoni die Nacht recht klar,
gibt es meist ein trocknes Jahr.

18. Januar
Adilo, Regina, Ludwig, Leonhard, Wolfried, Ulfried

Im Januar ist's besser,
den Wolf als den Pflug im Felde zu sehen.

Im Jänner sieht man lieber einen Wolf
als einen Mann ohne Jacke.

19. Januar
Heinrich von Staufen, Marius, Sara, Dagobert, Kurt, Adelheid

Ist der Januar gelind,
die Trauben im Oktober trefflich sind.

Wie lange die Lerche vor Lichtmess
(2. Februar) singen will,
so lange muss sie nach Lichtmess schweigen.

20. Januar (Lostag)
Fabian, Sebastian, Maurus, Elisabeth, Ursula, Haider, Clemens

Trägt Fabian den Nebelhut,
tut das den Bäumen gar nicht gut.

An Fabian und Sebastian
fangen die Bäume zu saften an.

An St. Sebastian muss man entweder ertrinken oder erfrieren.

Ab Fabian, Sebastian
fängt meist der rechte Winter an.

Sturm und Frost an Sebastian
ist den Saaten wohlgetan.

21. Januar (Lostag)
Agnes, Meinrad, Josepha, Valerian, Patroclus, Klara

Scheint am Agnestag die Sonne,
wird die Frucht wurmig;
ist es aber bewölkt,
wird es gesunde Frucht.

Schläft im Januar das Grün,
werden Feld und Wald bald blühn;
wächst aber das Korn im Januar,
wird es auf dem Markte rar.

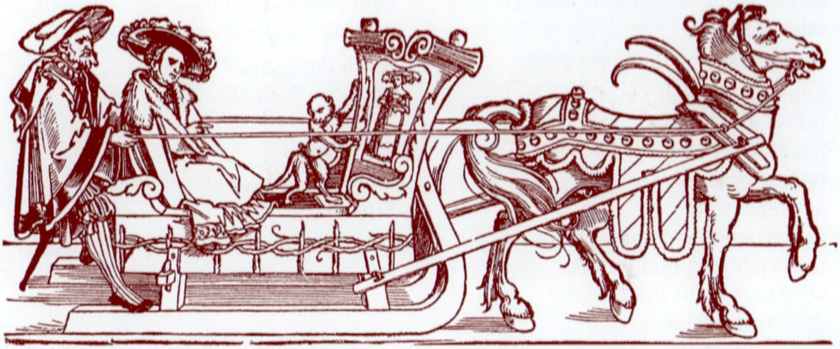

22. Januar (Lostag)
Vinzenz, Walter, Dietlinde, Irene, Theodolinde, Anastasius

St. Vinzenz Sonnenschein
bringt viel Korn und Wein.

Watet St. Vinzenz im Schnee,
gibt's viel Heu und Klee.

Wie das Wetter um Sankt Vinzenz war,
wird es sein das ganze Jahr.

Vinzent Sonnenschein
bringt viel Korn und Wein;
bringt er aber Wasserflut,
ist's für beide nicht gut.

Wenn Sankt Vinzent schwenkt
den Hut,
dann gerät der Hafer gut.

23. Januar
Maria Vermählung
Eugen, Nikolaus, Heinrich Seuse, Hartmut

Ist der Januar frostig und kalt,
lockt uns bald der grüne Wald.

Weht's aus Ost bei Vollmondschein,
stellt sich noch große Kälte ein.

24. Januar (Lostag)
Vera, Eberhard, Franz von Sales, Bernhard, Bertram, Timotheus

Timotheus brichts Eis;
hat er keins, dann macht er eins.

Lacht der Januar im Kommen und
Scheiden,
bringt das Jahr uns viele Freuden.

Wächst das Gras im Januar,
ist's im Sommer in Gefahr.

25. Januar (Lostag)
Pauli Bekehrung
Wolfram, Titus, Poppo

Pauli Bekehr –
der halbe Winter hin,
der halbe her.

Ist Pauli Bekehrung hell und klar,
so hofft man auf ein gutes Jahr,
hat er Wind, so regnet's geschwind.

St. Paulus kalt mit Sonnenschein,
wird das Jahr wohl fruchtbar sein.

Pauli Bekehr –
Gans gib Deine Eier her.

Hat Paulus weder Schnee noch Regen,
bringt das Jahr gar manchen Segen.

Ist auf Pauli Bekehr ein Nebel groß
oder klein,
so folgt ein Sterben allgemein.

Sankt Paulus klar
bringt gutes Jahr;
hat er Wind,
regnet's geschwind;
ist Nebel stark,
füllt Krankheit den Sarg;
wenn's regnet und schneit,
wird teuer 's Getreid;
doch Gott allein
wend' alle Pein.

Ist zu Pauli das Wetter schön,
wird man ein gutes Frühjahr sehn;
ist's aber schlecht,
dann kommt es spät als fauler Knecht.

26. Januar

Notburga, Paula, Timotheus, Roswitha, Bathildis, Titus

Wenn der Maulwurf wirft im Januar,
währt der Winter bis zum Mai wohl
gar.

Je näher die Hasen dem Dorfe rücken,
desto ärger sind des Eismonds Tücken.

27. Januar

Gerhard, Julian von Le Mans, Dietrich, Angela Merici

Auf harten Winters Zucht
folgt gute Sommerfrucht.

Wieviele Regentropfen im Januar –
so viele Schneeflocken im März.

28. Januar

Karl der Große, Thomas von Aquin, Petrus Nolaskus, Manfred

Fährt der Bauer im Januar Schlitten,
muss er im Herbst um Säfrucht bitten.

Braut der Januar Nebel gar,
wird das Frühjahr nah fürwahr.

29. Januar

Valerius, Radegund, Arnulf, Aquilin, Wezelin, Gerhard

Wenn im Januar der Südwind brüllt,
werden die Kirchhöfe schnell gefüllt.

Viel Sturm und Regen bringt heran
ein Jahr, das im Jänner zu donnern
begann.

30. Januar

Martina, Aldegund, Adele, Luitpold, Hippolytus, Savina

Bringt Martina Sonnenschein,
hofft man auf viel Korn und Wein.

Gibt's im Januar viel Regen,
bringt's den Früchten keinen Segen.

Ist der Januar gelind,
die Trauben im Herbst trefflich sind.

So viel Schnee –
so viel Klee.

31. Januar (Lostag)

Johannes Bosco, Emma, Luise, Viktor, Ludowika, Virgil

Friert es auf Virgilius,
im Märzen Kälte kommen muss.

Auf harten Winters Zucht
folgt gute Sommerfrucht.

Sonnenhof bei Nord und Ost
sagen voraus: Glatteis und Frost.

Anderer Wind –
anderes Wetter.

Februar

Taumonat
Hornung

Sonne und Mond

Der Tag wächst im Februar um eine Stunde und 42 Minuten. (MEZ, Kassel, siehe Seite 184).

	Monatsbeginn	Monatsende
Sonnenaufgang	8.01 Uhr	7.09 Uhr
Sonnenuntergang	17.11 Uhr	18.01 Uhr
Mondaufgang	5.00 Uhr	3.47 Uhr
Monduntergang	13.39 Uhr	12.15 Uhr

Der Name Februar geht zurück auf das altrömische Reinigungs- und Sühnefest „Februa“. Es wurde von den alten Römern in der zweiten Monatshälfte zu Ehren des Hirten- und Herdengottes Pan gefeiert, um diesen für ein fruchtbares Jahr gütig zu stimmen.

Andere Monatsdeutungen sprechen davon, dass sich dieser Name von der römischen Göttin Juno Februata ableitet, die als Schutzherrin der leidenschaftlichen Liebe galt. In der Verehrung für diese Göttin der Lust wurden orgiastische Feiern veranstaltet, an die vielleicht die Faschings- beziehungsweise Karnevalszeit erinnern mag.

Von alten Kalendern überliefert ist im deutschsprachigen Raum für diesen Monat auch die Bezeichnung „Hornung“. Sprachdeuter glauben, dass diese Bezeichnung im typischen Februarwetter wurzelt, das das Erdreich oft beinhart beziehungsweise hornhart erstarren lässt.

Andererseit wurde der Februar von unseren Ahnen auch mit „Taumonat“ betitelt, da es ja in wärmeren Gegenden bereits zu tauen beginnt.

Schwendtage im Februar

Verworfene Tage sind der 3., der 6., der 8. und der 16. Februar.

Tierkreiszeichen

Im Februar sind der Wassermann (Aquarius), 21. Januar bis 19. Februar, und die Fische (Pisces), 20. Februar bis 20. März, dominant.

Das Februar-Klima

Wenn auch im Februar die Tage bereits um rund eineinhalb Stunden „zugenommen“ haben, gilt der zweite Monat im Jahr in der Regel noch als überaus kalt und frostig, so wie ihn sich die Bauern wünschen. Nicht umsonst heißt es nämlich: „Alle Monate im ganzen Jahr verwünschen einen schönen Februar“, denn ein zu früher Frühling könnte in der Natur falsche Hoffnungen wecken und damit Schaden bringen, weil zu früh aufgehende Saaten noch von strengem Frost heimgesucht werden können.

Der Februar gilt als der trockenste Monat. 13 Tage beträgt im Mittel die Dauer größerer Trockenperioden. Es fallen in der Regel nur 4 % des Jahresniederschlages. Dennoch ist aber der Himmel zu 60 bis 70 % bedeckt. In normalen Jahren sind Mittagstemperaturen von über 0 °C sehr häufig, wenn es auch Rekordfrosttage geben kann, an denen nachts die Quecksilbersäule unter −36 °C absinkt.

Die mittleren Tagestemperaturen erreichen in Freiburg 6,4 °C, in Görlitz 2,7 °C, in Schleswig 2,9 °C als Maximalwerte. Das Tagesminimum schwankt im langjährigen Vergleich zwischen −7,1 ° C (Fichtelberg) und 0 °C (Essen).

Im Fichtelgebirge werden im Februar noch immerhin 20 Eistage gezählt, während man andererseits in Freiburg nur noch mit 3 und in München mit 7 Eistagen rechnen muss.

Die Schneedecke ist in der Regel geringer als im Januar. Zwischen den Alpen und der Nord- und Ostsee schwankt die Höhe zwischen 16 cm (Warnemünde) und 14,4 cm (München). Die Niederschlagswerte sind mit 8 cm (Potsdam) und 12 cm (Wasserkuppe) gering.

In Deutschland lässt sich die Sonne am längsten in Oberbayern blicken (insgesamt 83,9 Stunden). Als besonders sonnenarm gilt im Februar Mecklenburg-Vorpommern mit nur 63,8 Stunden Sonnenscheindauer.

Während der Februarbeginn zumeist noch mit Schneegestöber überraschen kann, ist Mitte des Monats zuweilen der günstige Einfluss eines Hochdruckgebiets zu beobachten. Frühlingshafter gestaltet sich das Wetter jedoch erst zum Monatsende, wenn der Namenstag des heiligen Matthias (24. Februar) auf den Kalendern steht.

Ein zu milder Februar kommt Feld wie Garten höchst ungelegen, da sie bei der Tier- wie Pflanzenwelt eine höchst gefährliche Erwartung auf einen baldig nahenden Frühling wecken. Tritt eine vorzeitige Blüh- und Vegetationsphase ein, können Spätfröste alles wieder vernichten, weil Blüten- und Befruchtungsschäden auftreten können.

Meteorologische Februar-Rückschau

Dass der Februar ein richtiger Wolf im Schafspelz sein kann, hat zum Beispiel der Februar des Jahres 1956 bewiesen. Damals waren der Dezember wie der Januar von äußerster Milde gekennzeichnet, doch just am 10. Februar fielen in weiten Teilen Deutschlands nachts die Temperaturen unter −24 °C, in der folgenden Nacht sogar auf −27,1 °C ab. Kein Wunder, dass dann ab der zweiten Monatshälfte die Tagesmitteltemperaturen die 9-Grad-Minus-Marke kaum verließen.

In Südosteuropa kennt man auch heutzutage noch den Brauch, am Lichtmesstag, also dem 2. Februar, symbolisch eine Bärengestalt zu „interviewen“, denn alten Tierbeobachtern zufolge sollen die Braunbären an diesem Tag erstmals ihre Höhlen verlassen, um nach dem Wetter Ausschau zu halten. Wenn es zu Lichtmess frostig ist und Raureif hat, so fühlen die Bären den Frühling nahen, ist es im Gegensatz dazu mild, verschwinden sie wieder in ihren Höhlen. Einen zu milden Februarbeginn deutet aber auch der Dachs als ein Scheingefecht zwischen Winter und Sommer, denn eine alte Bauernregel besagt:

Sonnt sich der Dachs in der Lichtmesswoch’,
schlüpft er hernach vier Wochen ins Loch.

Der Dachs tut es also dem Braunbären gleich.
Ein absoluter Februar-Kälterekord von −24,9 °C beziehungsweise −27,1 °C wurde am 10. und 11. Februar des Jahres 1929 in Mitteldeutschland gemessen.

Phänologie – der Kalender der Natur

Niemand sagt es ihnen, doch auf sie ist immer Verlass: auf Zaubernuss *(Hamamelis japonica)* und Seidelbast *(Daphne mezereum)*. Diese beiden unter den wenigen Vorfrühlingsblühern lassen sich selbst durch Kälte nicht beeindrucken.

Die Zaubernuss rollt zwar ihre Blätter ein, wenn es ihr allzu frostig wird, kommt aber die Sonne, dann tut sie so, als ob nichts gewesen wäre. Die Heimat der *Hamamelis mollis* wie der *Hamamelis japonica* ist China. Ein bisschen Sonne und der Halbschatten eines größeren Laubbaumes sind für sie ideal.

Gerne im Schutz von Bäumen steht auch der Seidelbast. Großen und kleinen Insekten bietet die Seidelbastblüte eine willkommene Vorfrühlingsnahrung.

Verlässliche Vorfrühlingsboten sind auch die Stare. Ihre Rückkehr aus Afrika lässt sich im Rheinland zumeist in der ersten Februarhälfte erwarten.

Blütezeit im Garten

Im Garten fangen zu blühen an: Schneeglöckchen, Alpenveilchen, Krokus, Winterjasmin, Winterling, Golderle, die Hecken- und die Kornelkirsche.

Aussaat- und Pflanzkalender

Gefragt sind im Februar vor allem in Mittelgebirgs- wie Hochgebirgsgegenden für eine vorzeitige Aussaat Folienbeet, Glashaus und das Frühbeet, denn die Aussaat im Freien ist höchstens für Spinat und Gartenkresse empfehlenswert.

Im Folienbeet kann man Pflück- und Schnittsalat, unter Glas Endivien, Blumenkohl, Kohlrabi, Sommerlauch, Tomaten, Puffbohnen, Rotkohl, Knollensellerie, Blumenkohl und Artischocke sowie Glockenrebe, Löwenmaul, Studentenblume und Verbene aussäen.

Allerlei nützliche Ratschläge für Garten, Haus und Hof

Aus den alpenländischen Gegenden ist überliefert, dass gerade in der Zeit vom 31. Januar bis zum 2. Februar Bäume gefällt werden sollen, um davon Balken und Bretter zu sägen. Dieses Holz soll sich nämlich eine halbe Ewigkeit halten, ohne zu faulen oder wurmig zu werden.

Bis Ende Februar soll der Baumschnitt abgeschlossen sein, wobei darauf zu achten ist, dass man dies nicht gerade an Frosttagen unternimmt. Rindenverletzungen sollen mit Baumwachs behandelt werden. Auch die Blütensträucher sollen – außer Forsythien, Blutjohannisbeere, Magnolie und Zierkirsche – zurückgeschnitten werden.

Bei den vom Vorjahr vorrätigen Samen soll man eine Keimprobe machen, was in einem Topf am Fensterbrett geschehen kann.

Bauern- und Wetterregeln

1. Februar

Brigida, Brigitte, Britta, Dietmar, Severus, Winand

Wenn die Mücken tanzen im Februar,
gibt es ein spätes Frühjahr.

Wenn im Februar die Lerchen singen,
wird's uns Frost und Kälte bringen.

Im Hornung hat's der Bauer lieber,
wenn ihm der Wolf zum Fenster hineinschaut als die Sonne.

2. Februar (Lostag)

Maria Lichtmess
Alfred, Bodo, Markwart, Winand, Dietmar, Wolfhold, Dietrich, Markward, Stephan

Ist Lichtmess helle,
wird der Bauer Geselle.
Ist Lichtmess ein dunkler,
wird der Bauer ein Junker.

Wenn die Lerche vor Lichtmess singt,
friert ihre Stimme wieder ein.

So lange die Lerche vor Lichtmess singt,
so lange sie nachher weder singt noch schwingt.

Lichtmess trüb ist dem Bauern lieb.

Ist's zu Lichtmess licht,
geht der Winter nicht.

Wenn's um Lichtmess stürmt und schneit,
ist der Frühling nicht mehr weit.
Ist es aber klar und hell,
kommt der Frühling nicht so schnell.

Scheint an Lichtmess die Sonne heiß,
kommt noch sehr viel Schnee und Eis.

Sonnt sich der Dachs in der Lichtmesswoch,
geht er auf vier Wochen nochmal ins Loch.

Auf Lichtmess hat der Bauer
lieber den Wolf im Schafstall als die Sonne.

Lichtmess im Klee –
Ostern im Schnee.

Gibt's an Lichtmess Sonnenschein,
kommt auch noch viel Schnee herein.
Blinkt an Lichtmess aber Schnee,

Volksmedizin

Februar ist Fastenzeit. Wer es mit dem Fasten wirklich ernst meint, der kann einen plötzlich aufkommenden Hunger mit einem ganz einfachen, vor allem aber gesunden Mittel, bekämpfen: In eine Tasse Melissentee gibt man ein paar Teelöffel Honig, das lässt den Magen aufhören zu rumoren und nimmt zugleich das Hungergefühl.

Volksmedizin
Im alten Bauernjahr war der Lichtmesstag der Bauernfeiertag schlechthin. Das war nicht nur ein Tag, an welchem es in vielen Orten Wachsmärkte gab und in den Kirchen Wachslichter zu Hauf angezündet wurden, sondern auch die Dienstboten von einem Bauern zum andern wechselten. Der Lichtmesstag war auch der große Zahltag für das Gesinde, das den Jahreslohn ausbezahlt bekam, der zum Beispiel noch bis in die Nachkriegszeit rund 250 Mark für das ganze Jahr betrug. Dazu aber gab es noch Stoffe, Schuhe und Naturalien.

Die Knechte schenkten den Mägden dafür, dass sie ihnen das ganze Jahr über die Betten machten und den Strohsack aufschüttelten, als Geschenk ein so genanntes „Wachsstöckl". Vor allem in Süddeutschland und in den alpenlänischen Nachbarländern werden diese gebetbuchgroßen Wachslichter auch heute noch zu besonderen Fest- und Gedenktagen angezündet. Dabei handelt es sich zumeist um ein Medaillon mit einem Heiligenmotiv oder einem Lebenssymbol wie Taufe oder Hochzeit, um das kunstvolle Wachsfäden mit Docht gezogen wurden.

bringt der Palmtag *(Palmsonntag)* grünen Klee.

Scheint am Lichtmesstag die Sonne klar,
gibt's Spätfrost und kein fruchtbar Jahr.

Scheint zu Lichtmess die Sonne klar,
wird's größeres Eis als vorher war;
ist aber Regen und kein Sonnenblick,
ist der Winter fort und kehrt nicht zurück.

Sieht der Bär auf Lichtmess seinen Schatten,
so kriecht er wieder auf 40 Tage in seine Höhle.

Lichtmess trüb, Aschermittwoch klar,
gibt Hoffnung auf ein gutes Jahr.

3. Februar (Lostag)
Blasius, Alois, Ansgar, Werburg, Hadelin, Berlind, Nona

St. Blasius stößt dem Winter die Hörner ab.

An St. Blasius
man Lammbraten essen muss.

4. Februar
Christian, Gilbert, Johanna, Veronika, Maurus, Rabanus

Der Hornung ist ein eigner Kauz,
wenn's nicht gefriert, dann taut's.

Früher Vogelgesang
macht den Winter lang.

Liegt im Februar die Katz in der Sonne,
muss sie zu Ostern hinter den Ofen.

5. Februar (Lostag)
Agathe, Adelheid, Berta, Erlehold, Paul, Modestus, Erlebold

Brauchtum:
Am Blasiustag trifft sich das gläubige Volk auch heutzutage noch zu einer Frühmesse in der Kirche. Am Ende des Gottesdienstes entzündet der Pfarrer zwei gekreuzte Kerzen, die den Gläubigen vor den Kopf bzw. unter den Hals gehalten werden. Bei einem Segensspruch wird der heilige Blasius angefleht, die Menschen vor Halskrankheiten zu schützen.

Die heilige Agathe ist meist reich an Schnee.

St. Agatha, die Gottesbraut,
macht, dass Schnee und Eis gern taut.

Am Agathentag rieselt das Wasser den Berg herab.

6. Februar (Lostag)

Dorothea, Hildegund, Leo, Paul, Reinhild, Silvanius, Saturius

Die heilige Dorothee
watet gern im Schnee.

Nach dem Dorothentag
kein Schnee mehr fallen mag.

7. Februar

Richard, Ava, Thomas, Nivard

Im Februar zuviel Sonn' am Baum
lässt dem Obst im Herbst keinen Raum.

Lieber zeigt sich ein hungriger Wolf im Feld als ein Mann ohne Kittel.

Wenn im Hornung schwärmen die Mücken,
musst dich im März zum Ofen bücken.

8. Februar

Elfriede, Felix, Philipp, Salomon, Hieronymus Amilianis, Milada

Wenn im Februar der Hahn nicht schreit,
tut der Henne das Brüten leid.

Ist der Februar recht lau und warm,
im Lenz viel Frost und Gott erbarm.

9. Februar

Apollonia, Alto, Julian, Anja, Nadine, Anna Katharina, Gottschalk, Bruno

Ist's an Apollonia feucht,
der Winter sehr spät entweicht.

Februar Schnee und Regen
deutet an göttlichen Segen.

Im Februar soll's stürmen,
dass dem Stier die Hörner wackeln.

10. Februar

Wilhelm, Scholastica, Gabriel, Hugo, Rüdiger, Wilhelm der Einsiedler

Heftiger Nordwind im Februar
meldet an ein fruchtbar Jahr.

Der Februar hat seine Mucken,
baut von Eis oft feste Brucken.

Der heiligen Dorothea wird am 6. Februar gedacht.

11. Februar
Anselm, Benedikt, Theodor, Theobert, Gregor, Maria von Lourdes

Ist der Februar recht lau und warm,
im Lenz viel Frost, dass Gott erbarm.

Tummeln die Krähen sich noch,
bleibt noch lange des Winters Joch.

12. Februar
Eulalia, Antonius, Helmward, Reginald, Damian, Ludan

Gibt's an Sankt Eulalia Sonnenschein,
bringt's viel Obst und guten Wein.

Wenn im Februar die Katze liegt im Sonnenschein,
muss sie im März in den Ofen hinein.

13. Februar
Adolf, Christina, Irmelinde, Wiho, Kastor, Ekkehard, Reinhild

Regen im Februar bringt flüssigen Dünger fürs ganze Jahr.

Schnee im Februar ist eine höchst vergängliche Ware.

Brauchtum:
Sankt Valentin gilt als Schutzpatron der Liebenden. Sie schenken sich an diesem Tag Frühlingsblumen. Doch dieser angloamerikanische Brauch setzte sich erst in den siebziger Jahren dieses Jahrhunderts in Deutschland durch. Den Altvordern galt dieser 14. Februar eher als Unglückstag, da an diesem Tag Judas Ischariot geboren wurde, der Christus verriet. So glaubte man, dass ein Gewitter an diesem Tag die Ankündigung dafür sei, dass das neue Jahr vielen reichen Leuten den Tod bringen sollte.

14. Februar (Lostag)
Valentin, Konrad, Cyrillus, Methodius, Vitalis, Bruno von Querfurt

An Sankt Valentin
friert's Rad mitsamt der Mühle ein.

Sankt Valentins Eier
sind umsonst zu teuer.

Ist's am Valentin noch weiß,
blüht zu Ostern schon das Reis.

15. Februar
Siegfried, Amarin, Georgia, Faustinus, Elid, Sigurt, Joranus von Sachsen

Wenn der Hornung warm uns macht,
friert's im Mai noch gern bei Nacht.

Ist der Februar kalt und trocken,
so soll der August heiß werden.

16. Februar
Juliana, Inkovit, Simeon, Philippa, Ladanus, Gerbert, Elias

Februar mit Frost und Wind
macht die Ostertag gelind.

Februar klar –
gut Roggenjahr.

17. Februar
Marianne, Emilia, Bonosus, Konstantin, Donatus; 7 Stifter des Servitenordens (7 Bürger aus Florenz)

Februartau bringt viel Nachtfrost
im Mai.

Viel Regen im Februar –
viel Sonnenschein das ganze Jahr.

18. Februar
Simon, Angelicus, Susanna, Hildebert, Konkordia

Friert's an Simon ganz plötzlich,
bleibt der Frost nicht lang ergötzlich.

Wenn's im trocknen Hornung friert,
es ein gar heißer Sommer wird.

19. Februar
Julian, Irmgard, Arnold, Bonifatius, Konrad von Piacenza, Hedwig

Wenn der Hornung kein Fieber macht,
liefert der März gar manche Schlacht.

Hüpfen Eichhörnchen und Finken,
siehst Du schon den Frühling winken.

20. Februar
Falko, Ulrich, Jordan, Korona, Mildreda, Eucharius, Isenhard

Wenn im Februar fette Vögel werden gefangen,
so kommt noch viel Kälte gegangen.

Im Februar zu viel Sonne am Baum,
lässt im Herbst dem Obst keinen Raum.

21. Februar
Eleonora, Felix, Irene, Gundhilda, Pippin, Leodegar

Wer den Hafer säet im Horn,
der hat viel Korn;
wer ihn sät im Mai,
der hat viel Spreu.

Hornungslämmer taugen nichts.

22. Februar (Lostag)
Petri Stuhlfeier
Hanna, Isabella, Margaretha, Melanchton

Die Nacht vor Petri Stuhlfeier weiset uns an,
was wir 14 Täg für ein Wetter han.

Ist's an Petri Stuhlfeier kalt,
die Kält noch 40 Tage anhalt.

Frost auf St.-Peters-Tag,
folgen noch 40 Fröste danach.

Hat Sankt Peter das Wetter schön,
soll man Kohl und Erbsen säen.

Wie's Petrus und Matthias macht,
so bleibt es noch durch vierzig Nacht.

Weht's kalt und rau um Petri Stuhl,
dann bleibt's noch vierzehn Tage kuhl.

Findet der Storch St. Petri offen am Bach,
kommt keine Frostdecke mehr nach.

Hat's in der Petersnacht gefroren,
lässt uns der Frost dann ungeschoren.

23. Februar
Polykarp, Reminiszere, Otto, Romana, Severin, Martha

Abendrot bei West
gibt dem Frost den Rest.

Wenn's Ende Hornung nicht tüchtig wintert,
eiszapfet es an Ostern.

24. Februar (Lostag)
Matthias, Edibert, Ida, Irmengard, Philippa

Am Mattheistag geht der Fuchs
ein letztes Mal übers Eis;
denn St. Mattheis bricht's Eis,
hat er keins, macht er eins.

Gibt Matthias uns noch Frost,
schenkt er noch 40 Tag die Kost.

Hat Mattheis sei Hack verlorn,
wird erst Sankt Josef *(19. März)*
das Eis durchbohrn.

St. Mattheis hab ich lieb,
denn er gibt dem Baum den Trieb.

St. Mattheis wirft 'nen heißen Stein
ins Eis.

Taut es vor und auf Mattheis,
dann sieht es schlecht aus auf dem Eis.

Matthias schließt die Erde auf
oder zu.

Ist Matthias schön, so darf man
alle Scherhaufen *(Maulwurfshaufen)*
anbauen.

Sankt Matthias – erste Frühlingshoffnung.

Wenn Matthias kommt herbei,
legt das Huhn das erste Ei.

Am Matthiastage lass deine Bienen heraus.

Sankt Matthi
legen die Gänse die Eier hi'.

Tritt Matthias stürmisch ein,
wird's bis Ostern Winter sein.

25. Februar

Walburga, Gerland, Viktor, Adeltrud, Felix III., Justus

Wenn der Hornung gar zu gnädig,
ist März alsdann zu Frost gebötig.

Singt die Amsel im Februar,
so bekommen wir ein teures Jahr.

26. Februar

Alexander, Isabella, Gotthilf, Ottokar, Ulrich, Adalbert

Im Februar muss die Lerch auf die Heid,
mag's ihr lieb sein oder leid.

Auf gut Wetter vertrau,
beginnt der Tag nebelgrau.

27. Februar

Gabriel, Veronika, Leander, Markward, Bettina, Nestor

Alexander und Leander
suchen Märzluft miteinander.

Westwind und Abendrot
machen die Kälte tot.

28. Februar

Romanus, Silvana, Martin, Oswald, Hilarius, Ronald, Hermine

Sankt Roman hell und klar
bedeutet ein gutes Jahr.

Der Februar muss stürmen und blasen,
soll das Vieh im Lenze grasen.

29. Februar

Oswald, Suitbert

Schaltjahr ist Kaltjahr.

Ein Schaltjahr ist des Segens bar.

Im Schaltjahr ist nicht gut Vieh
aufziehn.

Faschings- beziehungsweise Karnevalszeit

Gibt's zu Fastnacht viele Sterne,
dann legen alle Hühner gerne.

Wenn die Mücken am Fastnachtssonntag geigen,
müssen sie über die ganzen Fasten
(*Fastenzeit*) schweigen.

Wie die drei Faschingstage schalten,
so werden sich die Ostertage halten.

Wenn die Fastnachtstage kalt und hell sind,
so wird's eine heiße und schöne Ernte geben.

Wenn die Fastnachten nass und dunkel,
so wird's eine nasse Ernte geben.

Fällt am Faschingsmontag Schnee,
rufen die Apfelbäum Juchhe.

Fastnacht schön –
Blümlein bald erstehn.

So viel die Sonne an diesem Tage scheint,
wird sie jeden Tag in den Fasten scheinen.

Scheint Fastnacht die Sonne,
gerät die erste Ernte gut.

Ist die Fastnacht klar und hell,
führt man den Pflug auf den Acker schnell.

Fastnachtsschnee
tut den Saaten weh.

Grüne Fastnacht –
weiße Ostern.

Aschermittwoch

Ein gutes Honigjahr ist zu erwarten,
wenn es Aschermittwoch von den Bäumen tropft.

Wie der Aschermittwoch,
so die ganze Fastenzeit.

Wenn's am Aschermittwoch schneit,
schneit's in demselben Jahr noch vierzigmal.

Wie am Aschermittwoch
das Wetter war,
so hält es sich das ganze Jahr.

Brauchtum:
Karnevalssitzungen, Faschingsbälle, karnevalistische Umzüge, Hexentanz und ein lustiger Bauernfasching zur ausgelassenen Unterhaltung sind während der gesamten Faschingszeit an der Tagesordnung. Bei den Faschingshochzeiten werden Eheschließungen zwischen einem kleinwüchsigen Mann (von einer Frau dargestellt) und einer Riesendame (ein Mann als Darsteller) mit all den üblichen Zeremonien einer Bauernhochzeit zum allgemeinen Gaudium auf den Dorf- und Marktplätzen vollzogen.

Erster Fastensonntag

Wenn am ersten Fastensonntagabend
viele Sterne am Himmel stehen,
so sind in der Kornernte
viel Kasten Korn im Flur zu sehen.

Brauchtum:

Dem Fasching folgt die 40-tägige Fastenzeit. Der Kirchenlehrer Johannes Chrysotomos schrieb im 4. Jahrhundert dazu: „So hat uns der Herr die Arznei der Fastenzeit ersonnen, um die Wollust von uns fernzuhalten und damit wir die Sorgen, die wir gewöhnlich auf die Dinge des materiellen Lebens verwenden, einmal umlenken auf geistige Dinge."

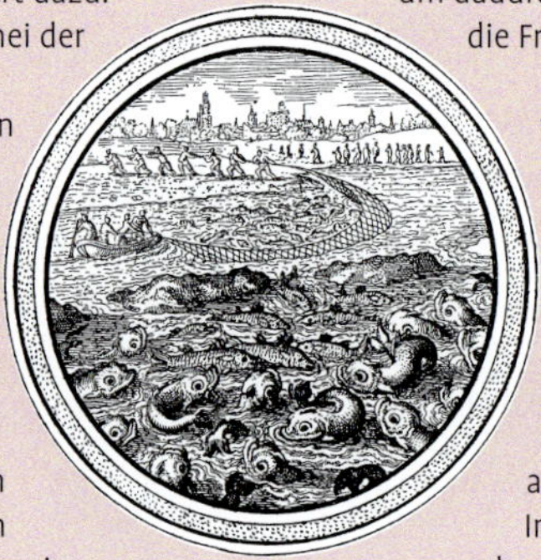

Zum Auftakt der Fastenzeit werden auch heute noch die Häupter der katholischen Gläubigen beim Messbesuch „eingeäschert", was mit der Asche der Palmbuschen vom Vorjahr geschieht. Der Priester spricht dabei die Worte: „Bedenke, o Mensch: Staub bist du und Staub wirst du wieder werden". Die Aschereste wurden einst von den Bauern mit nach Hause genommen und auf den Feldern verstreut, um dadurch mit Gottes Segen die Fruchtbarkeit zu heben. Weil der Aschermittwoch ein strenger Fast- und Abstinenztag war, durften keine Fleischspeisen gegessen werden. Deshalb steht bis zum heutigen Tag vielerorts noch immer Fisch auf dem Speiseplan. In manchen Gegenden werden zum Zeichen dafür, dass während der Faschingszeit auch der letzte Heller ausgegeben wurde, am Markt- oder Dorfbrunnen die Geldbeutel gewaschen, wozu sich auch Prominenz einfindet.

März

Lenzmonat
Lenzing
Marsmonat
Frühlingsmonat

Sonne und Mond

Der Tag wächst im März um eine Stunde und 59 Minuten (MEZ, Kassel, siehe Seite 184).

	Monatsbeginn	Monatsende
Sonnenaufgang	7.07 Uhr	6.59 Uhr
Sonnenuntergang	18.03 Uhr	19.54 Uhr
Mondaufgang	4.37 Uhr	5.32 Uhr
Monduntergang	13.04 Uhr	14.50 Uhr

Der März verdankt seinen Namen dem römischen Kriegsgott Mars, der aber auch als Gott der Natur verehrt wurde, maß man ihm nämlich nicht nur die Macht zum Sieg oder Niederlage einer Schlacht zu, sondern auch den Gedeih und Verderb eines Erntejahres. Mit dem Mars-Monat begann einst das altrömische Jahr.

Doch auch die Etrusker wussten sich über den Frühlingsmonat zu freuen. Sie tauften ihn nach ihrem Fruchtbarkeitsgott Maris, der über Tod und Wiedergeburt entschied. Mit dem 21. März, dem Tag der Tagundnachtgleiche, beginnt der Frühling. In Schaltjahren ist der Frühlingsanfang bereits am 20. März.

Im deutschsprachigen Raum ist der März bis zum heutigen Tage auch noch als Lenz, also Frühling in sprichwörtlicher Person, bekannt. Der Begriff „Lenz" leitet sich vom angelsächsischen „Lenet-monath" ab, der seinen Ursprung im Mondmonat hat.

Tierkreiszeichen

Vom 20. Februar bis zum 20. März beherrschen noch die Fische (Pisces) das astrologische Feld. Sie werden dann, am 21. März, vom Widder (Aries) abgelöst.

Schwendtage im März

Verworfene Tage sind der 13., der 14., der 15. und der 29. März.

Das März-Klima

Alle Frühlingshoffnungen sind auf den März gerichtet, da dann die Sonne wieder zu neuer Kraft gekommen ist und sich damit auch die Erde so gut erwärmt, dass das erste Saatgut in den Boden gebracht werden kann. Denn zu Kunigund (3. März) kommt auch „die Wärm' von unt' ". Und wenn dann erst einmal Sankt Josef (19. März) auf dem Kalender steht, so endet der Winter ganz gewiss. Dass es aber dennoch regelmäßig noch zu Nachfrösten kommen kann, gilt so wie das Amen in der Kirche.

Wenn in diesem Monat die mittleren Tagestemperaturen in der Alpenregion (−0,8 °C), an der Nord- und Ostsee (−0,3 °C) und im Rheintal (−2,8 °C) im Minusbereich liegen, kann die Quecksilbersäule bei ihrem Tagesmaximum bereits auf 10,5 °C (Freiburg) ansteigen.

Je nach Region sehr unterschiedlich ist die Zahl der Frosttage. So wurden im Zeitraum der Jahre 1961 und 1990 im Fichtelgebirge noch durchschnittlich 27 Tage mit Bodenfrost gezählt, während es in Essen im März nur etwa 8 Tage sind, an denen die Temperaturen unter 0 °C absinken.

Natürlich ist man im März noch keineswegs vor neuerlichem Schneefall gefeit. Bei der Wetterstation Fichtelberg ist um diese Zeit noch eine Schneedecke von 30,5 cm, in Schleswig von 12 cm und auf der Wasserkuppe von 13 cm die Regel.

Die Niederschläge, ganz gleich ob sie als Schnee oder Regen kommen, schwanken im Bundesgebiet wie auch in den Nachbarländern Schweiz und Österreich zwischen 38 mm (Potsdam) und 87,4 mm (Fichtelberg).

Doch Sonnenarmut kann man dem Lenzmonat keinesfalls nachsagen. Vom Meer über die deutschen Mittelgebirgsgegenden bis ins Alpenland lässt sich die Sonne im März bereits zwischen 102 und 122 Stunden sehen.

Nicht verleugnen kann der März auch gewisse Wetterlaunen, wie sie eigentlich erst für den April sprichwörtlich sind. Zur Tagundnachtgleiche am 21. März erreicht die Sonne den Äquator und läutet damit den Frühling ein. Aus streng meteorologischer Sicht dagegen beginnt der Vorfrühling bereits am 1. März und endet am 31. Mai.

Fürchten muss man sich im März vor allem vor den Morgenfrösten, die an bis zu 20 Tagen aufkommen können, was jedoch nicht verhindert, dass die Tagestemperaturen häufig auf 10 °C plus ansteigen. Insgesamt gesehen bringt der März 7 % der Jahresdurchschnittsmenge an Niederschlag.

Den Beobachtungen der Meteorologen zufolge kann zum Märzwetter festgestellt werden, dass einem kalten März meist ein ebenso sonnenarmer und unfreundlicher April folgt. Ist es um die Zeit des Frühlingsanfangs (20./21. März) überaus warm, so kann gut und gern mit einem heißen Sommer gerechnet werden. Auch der Sankt-Ruprechts-Tag (27. März) gilt, wenn er sonnig und warm ist, als ein Vorbote für einen sonnenreichen Juli.

Meteorologische März-Rückschau

Wenn auch die meisten Wetterregeln davon sprechen, dass ein „trockener März und ein nasser April nach des Bauern Willen" sei, stellt sich diese Wunschkombination im langfristigen Mittel nur alle vier Jahre ein. Den bislang wärmsten März erlebte zum Beispiel Halle im Jahre 1938 mit einer Monatsmitteltemperatur von 8,8 °C. Als einziger Sommertag dieses Monats seit Aufnahme der Messungen im Jahre 1851 ist der 30. März 1968 mit einer Tageshöchsttemperatur von 25,1 °C in den Beobachtungsunterlagen von Halle vermerkt. Andererseits wurden dort im März 1987 sage und schreibe 13 Tage mit geschlossener Schneedecke registriert. Und anno 1771 fiel „am 26. März ein so großer Schnee, dass er auf den Straßen drei Ellen hoch lag".

	Freising-Weihenstephan	Würzburg-Stein
Schneeglöckchen	3. März	19. Februar
Haselnussblüte	8. März	19. Februar
Huflattichblüte	15. März	29. März
Salweideblüte	24. März	20. März
Kornelkirschblüte	30. März	26. März
Forsythienblüte	8. April	21. März
Feldbestellung für Hafer	30. März	26. März
Blattentfaltung bei Stachelbeeren	30. März	25. März
Sonnenscheindauer	167 Stunden	156 Stunden
Niederschläge	49 mm	45 mm

Phänologie – der Kalender der Natur

Zum Frühlingsbeginn lassen sich für zwei Standorte in Süddeutschland die nachfolgenden Wetterwerte und Erscheinungen des jahrzeitlich-periodischen Ablaufs im Pflanzenreich feststellen. Die oben stehenden Angaben sind Mittelwerte aus langjährigen Beobachtungen.

Blütezeit im Garten

Im Garten fangen zu blühen an: Tulpen, Blaustern, Märzenbecher, Krokus, Lungenkraut, Duftschneeball, Magnolie, Seidelbast, Blutjohannisbeere, Primeln, Narzissen und Winterzierkirsche, um nur ein paar wenige zu nennen.

Aussaat- und Pflanzkalender

Jetzt wird wieder zum Spaten gegriffen, dem ersten Unkraut keine Chance gelassen. An frostfreien Tagen können bereits der Rasen gesät, Bäume und Sträucher gepflanzt und die erste Saat von Spinat, Erbsen, Gartenkresse, Heilkräutern, Wirsing, Rosenkohl, Kohlrabi, Steckzwiebeln und Rettich unter die Erde gebracht werden.

Wer rechtzeitig im Sommer einen blühenden Garten haben will, der sollte vielleicht bereits jetzt auf dem Fensterbrett eine kleine Auswahl zum Keimen bringen, was auch für die Knollenbegonien gilt.

Allerlei nützliche Ratschläge für Garten, Haus und Hof

Der Winzer ist im März voll und ganz mit dem Rebschnitt beschäftigt, während er im Keller den Wein vom Vorjahr vom Fass in Flaschen abzieht. Die Reben müssen nun auch gedüngt, der Boden gelockert werden. Nun beginnt also die mühevolle Arbeit rund um den Weinstock, der mindestens sieben Male im Jahr seinen Herrn sehen will, bis die Weinlese beginnen kann. Im Obstgarten werden die jungen Bäumchen veredelt, das heißt mit Edelreisern gepfropft. Die alten Leimringe sollen von den Obstbäumen entfernt und neue aufgezogen werden.

Volksmedizin

Zum Ausgang des Winters sterben die meisten vom Alter gekennzeichneten und von Krankheit geplagten Menschen, die es nicht mehr schaffen, die Frühlingssonne zu erleben. Ältere Menschen sagen beim Anblick der ersten Zugvögel, dass sie nun noch ein weiteres Jahr leben würden, weil ja der Frühling dann unmittelbar bevorstünde. Eine Weisheit, die nicht verleugnet werden kann.

Früher, als es noch kein Frischobst und Gemüse rund um das Jahr im Supermarkt oder auch beim Gemüsehändler zu kaufen gab, war es vor allem der Vitaminmangel, der die Menschen auslaugte und ihnen jegliche Widerstandskraft gegen Krankheiten nahm. Einzig und allein das Vitamin-C-reiche Sauerkraut wussten sie als wahres Gesundheitselixier zu schätzen.

In ländlichen Gegenden galt vor jedem Hausbau zu beachten: Zum Einen durfte das Haus keinesfalls auf einer Wasserader stehen, zum Andern musste aber unweit des Hauses eine Quelle zur Trinkwasserversorgung auffindbar sein. Doch genauso wichtig war es, dass direkt auf dem Hausplatz ein Granitstein oder ähnlich festes Gestein gefunden wurde, in dem ein Steinmetz einen so genannten Krautstein schlagen konnte. In diesem „eingewachsenen" steinernen Fass ließ sich nämlich das Vitamin-C-reiche Sauerkraut bei gleich bleibender Temperatur aufbewahren.

Bauern- und Wetterregeln

1. März (Lostag)
Albin, Rüdiger, Bertrand, Felix, Leo, Hilarius, Roger

Regnet's stark zu Albinus,
macht's dem Bauern viel Verdruss.

Wenn im März viele Winde wehn,
wird's im Maien warm und schön.

Zu Anfang oder zu End
der März sein Gift entsendt.

Kommt der März wie ein Löwe,
so geht er wie ein Lamm;
kommt er wie ein Lamm, so geht
er wie ein Löwe.

Der März soll kommen wie ein Lamm
und gehen wie ein Löwe.

2. März
Agnes von Böhmen, Gregor, Karl der Gute, Stephan von Ungarn, Simplizius

Auf Märzenregen dürre Sommer
zu kommen sehen.

Am Gregortag schwimmt das Eis ins Meer.

Ist der März kalt und klar,
dann kommt ein gutes Roggenjahr.

3. März (Lostag)
Kunigunde, Titian, Anselm Estom, Tobias, Oswin, Luzis

Kunigund macht warm von unt'.

Wenn's donnert um Kunigund,
treibt's der Winter bunt.

Wenn Kunigunde friert,
sie's noch vierzig Nächte spürt.

Lachende Kunigunde,
bringt frohe Runde.

Ist Kunigunde tränenschwer,
dann bleibt gar oft die Scheune leer.

Wenn es donnert um Kunigunde und
Cyprian *(8. März)*,

musst oft den Handschuh noch ziehen an.

4. März
Kasimir, Rupert, Adrian, Waldburg, Basin, Hadrian, Walb

So viel Nebel im März,
so viele Gewitter im Sommer.

Jeder Märzennebel kommt nach hundert Tagen als Regen wieder.
Märzenblüte ist ohne Güte.

5. März
Johannes-Josef, Dietmar, Virgil, Olivia, Friedrich, Humbert

Donnert's im März,
dann friert's im April.

Trockener März, nasser April,
kühler Mai,
schreit der Bauer Juchhei.

6. März
Fridolin, Felicitas, Mechthild, Coleta, Otilie, Kuno

So viele Tage vor Marien *(25. März)* die Frösche schreien,
so viele Wochen müssen sie nachher schweigen.

So viele Tage vor Marien die Bienen summen,
so viele Wochen müssen sie nachher wieder brummen.

7. März
Thomas, Volker, Reinhard, Perpetua, Felicitas, Theresia

Wenn im März ist Mückenspiel,
so sterben der Schafe viel.

Wenn im März der Kuckuck schreit,
der Storch klappert und die wilde Gans zieht ins Land,
so gibt's einen Frühling im Hochzeitsband.

Steigt die Lerche stumm und nicht hoch,
kommt ein nasser Frühling noch.

8. März (Lostag)
Beate, Cyprian, Julian, Arnulf, Barbara, Urban, Rosa

Donnert's an Sankt Cyprian,
zieh nochmal die Handschuh an.

Wenn im März die Veilchen blühen,
an Ludwig *(19. oder 25. August)* bereit
wieder die Schwalben ziehen.

9. März (Lostag)
Vierzig Ritter; Franziska, Bruno von Querfurt, Franziska von Rom

Wie die Vierzig Ritter das Wetter gestalten,
so wird es noch vierzig Tage anhalten.

Friert's am Vierzig-Ritter-Tag,
so kommen noch vierzig Fröste nach.

Wenn's nach Vierzig Ritter nicht friert,
so ein fruchtbar Jahr es wird.

10. März (Lostag)
Vierzig Märtyrer; Emil, Galina, Alexander, Gustav, John

Wie die vierzig Märtyrer das Wetter gestalten,
so wird es noch vierzig Tage halten.

Wenn es am Tage der vierzig Märtyrer gefriert,
so gefriert es noch vierzig Nächte.

11. März
Ulrich, Heinrich, Wolfram, Rosamunde, Alram, Eulogius

Die Legende erzählt über den Tag der 40 heiligen Märtyrer, dass im Jahre 320 40 Soldaten der 12. römischen Legion qualvoll erfroren sein sollen, als sie die Männer wegen ihres christlichen Glaubens verfolgten.

Viel Tau im Monat März –
bringt Reif um Pfingsten,
den Feldern Schmerz.

Märzenstaub bringt Gras und Laub,
Märzenschnee tut den Saaten weh.

Bringt Rosamunde Sturm und Wind,
so ist Sybilla *(29. April)* uns lind
gesinnt.

12. März (Lostag)
Gregor, Almut, Engelhard, Innozenz, Beatrix, Bernhard

Brauchtum:
Vor der gregorianischen Kalenderreform im Jahre 1582 war am 12. März die Tagundnachtgleiche. Daher kommt auch der Spruch: „Gregori macht den Tag gleich der Nacht". In vielen Teilen Süddeutschlands begann an diesem Tag der Auftrieb des Viehs auf die etwas geschützteren Weiden. Am 12. März schloss ehemals in vielen bäuerlichen Gegenden die Volksschule, denn der Bauer benötigte zum Auftakt der Feldbestellung die Kinder zur Arbeit. Zu Ehren des Schulpatrons Papst Gregor fanden so genannte Gregori-Schulfeste statt. Dabei verkleideten sich die Kinder als Handwerker, Bauern, Kaufleute und Hausierer. Oft gesellte sich zu dieser lustigen Schar auch ein Kinderbischof. Spiel, Gesang und Tanz erhöhten die Lustbarkeit.

Gregor zeigt dem Bauern an,
ob er im Felde säen kann.

An Gregor muss der Bauer ins Feld,
denn da wird die Saat bestellt.

Wenn am Gregoritag die Sonne
scheint, geht der Bär aus dem Loche,
um seine Fäustlinge zu flicken.

Hat Gregor grobes Wetter,
so geht der Fuchs aus dem Bau;
ist es aber schön, so lässt er sich noch
vierzig Tage nicht sehn.

Weht am Gregoriustag der Wind,
noch vierzig Tage windig sind.

13. März
Paulina, Gerald, Judith, Ernst, Erich, Rüdiger

Märzenschnee und Jungfernpracht
dauern oft kaum über Nacht.

Wenn sich abends die Nebel niedersenken, bringen sie einen klaren Tag;
wenn sie aber hochsteigen,
wird es regnen.

Säest du im März zu früh,
ist's oft verlorene Müh'.

14. März
Mathilde, Einhard, Gottfried, Konrad, Paulina, Zacharias

Märzenblüte ist nicht gut,
Aprilblüte ist halb gut,
Maienblüte ist ganz gut.

Märzenferkel, Märzenfohlen –
alle Bauern haben wollen.

Wenn im März die Kraniche ziehen,
werden bald die Bäume blühen.

15. März
Clemens, Zacharias, Christoph, Luise, Diedo, Longinus

Fürchte nicht den Schnee im März,
darunter schlägt ein gutes Herz.

Mit dem Märzen ist nicht zu scherzen,
tut er nicht, was er soll,
treibt's der April ganz toll.

16. März
Heribert, Judika, Jean, Kolumba, Eusebia, Ephrem, Cyriakus

Schlägt im Märzengrün der Fink,
ist das ein gefährlich Ding.

Der Lenz ist feucht,
der Sommer dürr,
der Herbst weich,
der Winter rau.

Im Lenze Sonnenfinsternis
gibt wenig Korn, doch Wein gewiss.

17. März (Lostag)
Gertrud, Patrick, Diemut, Konrad von Bayern, Josef von Arimathäa

Sankt Gertrud
die Erde öffnen tut.

Gertraude nützt dem Gärtner fein,
wenn sie sich zeigt im Sonnenschein.

Sonniger Gertrudentag,
Freud dem Bauern bringen mag.

Ist Gertrude sonnig,
wird's dem Gärtner wonnig.

An St. Gertrud ist es gut,
wenn in die Erd die Bohn' man tut.

Es führt St. Gertraud
die Kuh zum Kraut,
das Ross zum Pflug,
die Bienen zum Flug.

Sieht Sankt Gertraud Eis,
wird das ganze Jahr nicht heiß.

18. März
Cyrill von Jerusalem, Anselm, Eduard, Narzissus, Salvator

Taut's im März nach Sommerart,
kriegt der Frühling
noch einen weißen Bart.

Wenn der März zum April wird,
wird der April zum März.

19. März (Lostag)
Josef, Ida, Friedburg, Adeltraud

Wenn amal Josefi is,
endet der Winter g'wiss.

Ist's am Josefitag hell und klar,
so folgt ein fruchtbares Jahr.

Ist der Josefstag recht schön,
mag es nur so weitergehn.

Ist am Josephitag das Wetter schön,
wir eine gute Ernte sehn.

Josefi klar,
gibt's ein gutes Honigjahr.

20. März
Claudia, Irmgard, Ambrosius, Wolfram, Eugen, Joachim

Märzengewitter zeigen an,
dass große Winde ziehn heran.

Dem Gelde gleich ist Märzenstaub,
er bringt uns Kraut, Gras und Laub.

Brauchtum:
Groß gefeiert wurde einst der Josefitag am 19. März, haben doch gerade an diesem Tag so viele Männer Namenstag. Als weltlicher Feiertag wurde er letztmalig im Jahre 1912 offiziell begangen. Doch in ländlichen Gebieten, wo überwiegend Biertrinker leben, wird auch heutzutage noch zum Josef-Umtrunk und zum Josef-Starkbier („Josefi-Bock") eingeladen.

21. März (Lostag)
Frühlingsanfang
Bendedikt, Carsten, Raimund, Christian, Philemon, Hubert

Wie Wind und Wetter am Äquinoktium ist,
so soll's ein Vierteljahr bleiben.

Wie das Wetter um die Tagundnachtgleiche ist und zu Anfang April,
so ist's den ganzen Sommer.

Wenn am 21. März der Nordwind bläst,
so bläst er noch dreißigmal, ehe es Frühling wird.

Willst Gerste, Erbsen, Zwiebeln dick,
dann sä' sie an St. Benedikt.

22. März
Nikola, Lea, Reinhilde, Lukardis, Oktavian, Katharina von Genua

Märzenblüte ist ohne Güte.

Jedes Maulvoll Grad im März
kostet einen Schoppen Milch im Winter.

Nimmt der März den Pflug beim Sterz,
so hält der April ihn wieder still.

23. März
Gerda, Axel, Rebecca, Otto, Claudius, Turibia, Viktorian

Donnert's im März, wenn der Wald noch kahl,
soll es geben ein fruchtbar Jahr.

Endlich Frühling!
Im März nehmen die Mittagshöhe der Sonne um 11,8 °C und die Tageslänge um 1,42 Stunden auf 12,46 Stunden zu. Am 12. März mittags tritt die Sonne in das Sternbild der Fische, erreicht dort am 21. März (in Schaltjahren am 20. März) um 20.55 Uhr mitteleuropäischer Zeit den Frühlingspunkt und überquert den Himmelsäquator nordwärts. Es ist Frühlingsanfang und auf der Nordhalbkugel der Erde beginnt das Sommerhalbjahr.

Der eigentliche Frühlingsbeginn in der Natur wird jedoch erst dann wahrgenommen, wenn sich die Apfelblüte zeigt. In Deutschland hält der Frühling vom Oberrheintal her Einzug, wo bereits um den 20. April herum die Apfelbäume zu blühen beginnen. Bald darauf dehnt sich das Blütegebiet aus, nach Osten hin werden die Flusstäler erobert. Von Österreich her tritt jedoch zu dieser Zeit oft eine Gegenströmung von Kaltluft ein, die donauaufwärts wandert. Die Wettergebiete sind dann nur noch durch die Schwäbische Alb getrennt. Über Unter- und Mittelfranken vereinen sich schließlich die Wettergebiete. Der Bayerische Wald, der Schwarzwald und die Vogesen müssen mit einer verspäteten Apfelblüte rechnen, die oft erst einen Monat später registriert werden kann.

Im März soll es so kalt sein,
dass dem Raben die Eier erfrieren.

24. März
Elias, Gabriele, Katharina, Ademar, Berta, Elias, Bernulph

Wer haben will ein schönes Kind,
verwahr es vor Märzluft und
Aprilwind.

25. März (Lostag)
Mariä Verkündigung
Nuncia, Prokop, Humbert, Lucia, Jutta

Zu Maria Verkündigung
kommen die Schwalben wiederum.

Schöner Maria-Verkündungs-Morgen
befreit den Landmann von vielen
Sorgen.

Ist Mariä Verkündigung hell und klar,
so bedeutet es ein gutes Jahr.

Ist Maria Verkündigung schön und hell,
gibt's Obst und Wein auf alle Fäll.

Maria bindet die Reben auf,
nimmt auch einen leichten Frost in
Kauf.

An Maria Verkündigung geht unsere
liebe Frau mit einem brennenden
Scheit unter der Erde hin.

Sternenmenge am Verkündigungs-
morgen
befreit den Bauern von vielen Sorgen.

Wasser auf der Wintersaat
schadet nicht vor, aber nach dem
Marientag.

26. März (Lostag)
Ludger, Luidger, Felix, Larissa, Thekla, Kastulus, Emanuel

Das Beschneiden der Bäume zum Frühlingsanfang soll eine gute Ernte bringen.

Ist's um Ludger feucht,
bleiben Kornböden leicht.

27. März (Lostag)
Rupert, Ruprecht, Frowin, Haimo, Ensfried, Lydia

Ist's an Sankt Rupertus rein,
wird's auch so im Juli sein.

Zu Palmarum Sonnenschein
soll ein gutes Zeichen sein.

28. März
Gutram, Elfrieda, Gundelind, Malchus, Ingbert

Wirft der Hirsch erst spät sein Geweih,
lauert er, dass es im Märzen noch
schneit.

Wenn die Grasmücke singt, ehe der Weinstock treibt,
folgt ein gutes Jahr des Weins.

29. März

Helmut, Berthold, Eustasius, Ludolf, Gladys

Wie der 29., so der Auswärts *(Frühling)*,
wie der 30., so der Sommer,
wie der 31., so der Winter.

Wie die letzten Tage im März
wird die Herbstzeit allerwärts.

Was der März nicht will,
frisst der April.

30. März

Quirin, Diemut, Roswitha, Angela, Amadeus, Patto, Dietrich

So viel Fröste im März,
so viele im Mai.

Donnert's in den März hinein,
wird die Ernte bestens sein.

Ist der März der Lämmer Scherz,
beißt der April sie in den Sterz.

31. März

Kornelia, Benjamin, Guido, Werner, Balbina, Alberich

Die Märzentage vom alten Schlage
sind gut und schlecht
und halten die Waage –
dem Jahre gerecht!

Siehst im März gelbe Blumen im Freien,
magst getrost du Samen streuen.

Der schönste Monat für das Herz
war und ist der Monat März.

April

Ostermond
Keimmonat
Auerhahn- und
Birkhahnmonat

Sonne und Mond

Der Tag wächst im April um eine Stunde und 49 Minuten (MESZ, Kassel, siehe Seite 184).

	Monatsbeginn	Monatsende
Sonnenaufgang	6.57 Uhr	5.56 Uhr
Sonnenuntergang	19.56 Uhr	20.44 Uhr
Mondaufgang	6.01 Uhr	4.53 Uhr
Monduntergang	15.58 Uhr	15.59 Uhr

Der Monatsname April leitet sich vom lateinischen „aperire“ (öffnen) ab und hieß im römischen Kalender „mensis aprilis“. In unseren Breitengraden gab man ihm dann den Namen „Keim-Monat“ und von den Christen wurde er schließlich „Ostermond“ getauft, fällt doch das Osterfest zumeist in seinen Ablauf. Das Osterfest wird immer am Sonntag nach dem ersten Vollmond gefeiert, der dem Frühlingsanfang am 21. März folgt.

Der als überaus launisch geltende April, in dem oft der Kampf zwischen dem Winter und Sommer in sein Endstadium geht, beginnt mit dem aus dem 17. Jahrhundert stammenden Brauch des In-den-April-Schickens, der über ganz Europa verbreitet ist. Der 1. April gilt zum einen als Geburtstag des Verräters Judas, andererseits aber auch als Termin des altrömischen Narrenfestes.

Tierkreiszeichen

Der Widder (Aries), der bereits seit dem 21. März schicksalsbestimmend ist, wird am 21. April vom Stier (Taurus) abgelöst. Wer in der Zeit bis einschließlich 20. Mai geboren ist, trägt sein Sternzeichen.

Schwendtage im April

Verworfener Tag ist im April nur der 19. des Monats.

Das April-Klima

April, April – er kann machen, was er will! Sein launisches Wetter ist sprichwörtlich. Der Grund für diese Laune liegt darin, dass sich in Mitteleuropa der Kontinent bereits gut erwärmt hat, während sich im Polargebiet wie auch im nördlichen Atlantik die Kaltluft noch beständig hält. Kommt frische Polarluft, die nach Süden zieht, unter einen Tiefdruckeinfluss über dem bereits angewärmten Festland, dringt die Kaltluft nach oben, wobei der darin enthaltene Wasserdampf kondensiert wird, was zu Schauerwolken führt. In der Folge davon wird ein rascher Wechsel von Sonnenschein mit Regen, Schnee und auch Graupelschauern ausgelöst.

Die mittleren Tagestemperaturen schwanken zwischen 5 °C in Mittelgebirgslagen, 10 °C und 12 °C an Nord- und Ostsee sowie 13,5 °C in Potsdam und 14,7 °C im Rheinland als Höchstgrenze. In den Nächten fallen aber die Temperaturen – in ihrem Mittel gesehen – auf 0,5 °C (Wasserkuppe) und zwischen 2,6 °C und 4,8 °C (übriges Bundesgebiet) ab.

Gerechnet werden muss immerhin noch mit rund einem Frosttag in Freiburg, 7 Frosttagen in München, 6 Frosttagen in Görlitz und 19 Tagen in Fichtelberg. Die geschlossene Schneedecke fällt selbst auf der Wasserkuppe auf 10 cm zusammen, während in weiten Teilen Mitteleuropas überhaupt kein Schnee mehr sichtbar ist.

Durchschnittlich regnet es an 15 Tagen mit einer Niederschlagsmenge zwischen 41 mm (Warnemünde) und 75 mm (Oberbayern).

Nicht selten treten die ersten Gewitter auf. In manchen Jahren gewittert es im April so häufig wie in anderen Jahren wiederum Schneefall zu verzeichnen ist. Wie gesagt – der April kann machen, was er will! Und dass der Sankt Georg selbst an seinem Namenstag, am 24. April, mit einem „Schimmel", also begleitet von Schneefall, angeritten kommt, ist keine Seltenheit. Ostern im Schnee ist demnach genauso häufig wie Weihnachten im Klee.

Aus meteorologischer Sicht ist die österliche Periode von 35 Tagen eine Zeit, in der im allgemeinen Flachland die mittlere Tageshöchsttemperatur von 10 °C auf 15 °C ansteigt und die mittlere tägliche Sonnenscheindauer von fünf auf sieben Stunden zunimmt.

Meteorologische April-Rückschau

Wetterbeobachter kann er so richtig aus dem Häuschen bringen, denn der Eulenspiegel unter den Monaten war bereits immer für mehrere Überraschungen gut. Allein im 20. Jahrhundert ließ er die Temperaturrekorde von 10 Minusgraden auf 32 Plusgrade schwanken. Am 22. April 1962 stieg nämlich in den mittleren Lagen Mitteleuropas die Quecksilbersäule auf über 26 °C an, während im April 1944 in den Alpen noch bis zu 8,3 m Schnee lagen.

Blütezeit im Garten

Im Garten blühen Blaukissen, Narzissen, Hyazinthen, Buschwindröschen, Himmelsleiter, Kaukasus-Margerite, Vergissmeinnicht und Kuhschelle, aber auch Tränendes Herz, Wolfsmilch, Felsenbirne, Elfenbeinginster, Magnolien, Sumpfdotterblume, Blutjohannisbeere, Scheinhasel, Zierkirsche und Zierpflaume, Tamariske, Hornveilchen und Gänsekresse.

Voksmedizin:
Wenn der Saft ins Birkenholz steigt, dann sollte man einen der Äste abschneiden, zerkleinern und kochen. Der Sud daraus sollte in Flaschen gefüllt werden, den man dann und wann zur Kopfwäsche benutzt. Damit soll Schuppenbefall und Haarausfall vorgebeugt werden. Das nachwachsene Haar soll dadurch besonders gestärkt werden.

Flachsanbau ist heutzutage eher eine Seltenheit. Doch Leinsamen zu bekommen, dürfte keine Schwierigkeit bereiten. Er hilft bei Darm- und Magenentzündungen. Der Samen muss in kaltem Wasser etwas aufquellen, in dem man ihn mehrere Stunden stehen lässt.

Den Leinsamen kann man auch zusammen mit einem Apfel in der Küchenmaschine zerkleinern und so als Mus essen.

Aussaat- und Pflanzkalender

Jetzt können nahezu alle Gemüsearten vom Spinat bis zu den Erbsen, von den Radieschen bis zu den Möhren, Gewürzkräutern und dergleichen mehr ausgesät werden. In rauen Gebirgs- und Mittelgebirgsgegenden sollten jedoch Tomaten, Paprika, Gurken, Zucchini, Brokkoli, Bohnen und die südländischen Kräuter, zum Beispiel Basilikum, unter Glas vorgezogen werden.

Pflanzzeit ist für Blütenstauden, Gladiolen, Montbretien, Rosen, Nadelhölzer, Eichen, Birken und immergrüne Sträucher. Bei den Dahlien sollte man sich jedoch bis Ende April Zeit lassen.

Allerlei nützliche Ratschläge für Garten, Haus und Hof

Die Veredelung von Kirschen und Pflaumenbäumen wird fortgesetzt. Zu schneiden sind Johannisbeeren, Zwergbäume und Aprikosen.

Der Rasen hat nun eine „Lüftung" durch Rechen oder Kultivator verdient. Die Stauden müssen reichlich gedüngt werden. Obstschorf und Apfelmehltau können mit Brennnesseljauche bekämpft werden.

Phänologie – der Kalender der Natur

Im April stellen sich zu folgenden Tagen mit einer ersten Blüte oder einem Vegetationszeichen ein (langjährige Mittelwerte):

	Freising-Weihenstephan	Würzburg-Stein
Forsythienblüte	8. April	21. März
Haferaufgang	17. April	6. April
Blattentfaltung der Rosskastanien	18. April	18. April
Frühkartoffelbestellung	20. April	9. April
Löwenzahnblüte	20. April	16. April
Schlehdornblüte	23. April	17. April
Süßkirschenblüte	24. April	24. April
Spätkartoffelbestellung	24. April	19. April
Blattentfaltung der Weißbirke	26. April	18. April

Aberglaube

Wer am 1. April drei Nägel ins Holz seiner Stalltür oder die Tür zu seinem Kleintier- und Geflügelstall schlägt, soll ein ganzes Jahr lang vor Krankheit seines Viehs geschützt sein. Oder: Wer am 1. April nichts trinkt, soll den ganzen Sommer über keinen Durst bekommen!

Bauern- und Wetterregeln

1. April
Hugo, Irene, Guido, Agape, Theodora, Walarich, Viktor

Es kommt der Frühling,
wenn am 1. April die Dachrinnen
tröpfeln.

Aprilwetter und Frauensinn
sind veränderlich von Anbeginn.

Aprilwetter und Kartenglück
wechseln jeden Augenblick.

Säen am ersten April
verdirbt den Bauern
mit Stumpf und Stiel.

Brauchtum:
Einst war das In-den-April-Schicken nur dem Adel vorbehalten, der sich aber nicht am 1. April, sondern am 1. August mit provokant-närrischen Botschaften gegenseitig zu ärgern versuchte. Doch bald machte auch das gemeine Volk diesen Unsinn nach, was aber August der Starke nicht dulden wollte, weil er dies zu Beginn der Erntezeit als Zeitverschwendung ansah. Die Verschiebung dieses auf einen Tag beschränkten närrischen Treibens geht auf den Immerwährenden Reichstag zu Regensburg zurück, der diesen narrenfreien Tag schließlich gleich um vier Monate vorverlegte. Erhalten hat sich das In-den-April-Schicken bis zum heutigen Tage. Metzgermeister schicken ihre Lehrlinge um eine „Weißwurstfarbe“, Journalisten entdecken just am 1. April Goldadern und Brauereien offerieren einen dann letztendlich nicht zu Stande kommenden Freibierausschank.

2. April (Lostag)
Franz, Maria von Ägypten, Rosamunde, Gerard, Theodora

Sturm und Wind an Rosamunde
bringt gute Kunde.

Bringt Rosamunde Sturm und Wind,
so ist Sibylla uns gelind.

3. April
Christian, Irene, Richard, Konrad, Sixtus I., Lutbirg

Wer an Christian sät den Lein,
bringt schönen Flachs in seinen Schrein.

Christian fängt zu säen an.

Der April soll dem Mai halb Laub und halb Gras geben.

4. April (Lostag)
Ambrosius, Gerhard, Kundegunde, Isidor, Hildebert

Ist's Ambrosius hell und rein,
wird's Sankt Florian *(4. Mai)* wilder sein.

Oft schneit Ambrosius
dem Bauern auf den Fuß.

5. April
Vinzenz, Juliana, Burghard, Kreszentia von Kaufbeuren, Dominik

Ist Sankt Vinzent Sonnenschein,
gibt es viel und guten Wein.

Jetzt muss der Holunder sprossen,
sonst wird des Bauern Mien' verdrossen.

6. April
Notger, Karolina, Ruthhilde, Dominik, Plato

Wenn sich im April ein Rabe im Korn verbergen kann, gibt's viel Frucht.

Stellen Blätter an den Eichen schon vor Mai sich ein,
gedeiht im Lande Korn und Wein.

7. April
Johannes Baptist, Lothar, Burchard, Eberhard

Wenn im April die Schlehen früh blühn,
so wird man früh die Ernte ziehn.

Wächst der April,
steht der Mai still.

8. April
Walter, Erhard, Albert, Notger, Manegold, Beata, Apollonia

Maikäfer, die im April sich zeigen,
werden dem kalten Maimond weichen.

Wenn der April bläst rau ins Horn,
so steht es gut um Heu und Korn.

9. April
Waltraud, Demetrius, Notker, Maria Kleophä, Hugo

Ist der April schön und rein,
wird der Maien umso milder sein.

Bringt der April noch Schnee und Frost,
gibt's wenig Heu und sauren Most.

10. April
Ezechiel, Mechthild, Hulda, Engelbert, Gerold

An Ezechiel
geht der Wein nicht fehl.

St.-Ezechiels-Tag, der hundertste Tag nach Neujahr,
ist zum Leinsäen der beste Tag, wie auch der Tag St. Georg.

11. April
Hildebrand, Rainer, Stanislaus, Godberta

Blüht im April der Maulbeerbaum,
gibt's Kälte und Frost noch kaum.

Schießt im April das Gras,
bleibt der Maimond kühl und nass.

12. April
Sieben Schmerzen Marias (einstiger Bauernfeiertag)
Herta, Zeno, Konstantin, Julius

April, dein Segen heißt Sonne und Regen.
Bloß den Hagel – den häng an den Nagel.

Der April die Blume macht,
der Mai gibt ihr die Farbenpracht.

13. April
Ida von Lothringen, Hermenegild, Paulus, Roman

Donnert's im April,
viel Gutes verkünden will.

Heller Mondschein im April
schadet der Baumblüte viel.

14. April (Lostag)
Tiburtius, Lidwina, Lidwina, Hadwig

Am Tag Tiburtius der Kuckuck rufen muss.

Am Tage Tiburti sollen alle Felder grünen.

Grüne Felder auf Tiburtiustag
ziehen viel Getreide nach.

15. April
Anastasia, Reinert, Luise, Nidker, Hunna

Trockener April
ist nicht nach des Bauern Will.

Der Aprilregen
kommt dem Bauern gelegen.

16. April
Lambert, Bernadette, Benedikt Josef, Calistus, Daniel

Daniel zum Erbsensäen wähl.

Aprilschnee ist besser als Schafmist.

Quakt der Frosch vor dem Markustag *(25. April)* lange,
so schweigt er gerne hintennach.

17. April
Rudolf, Eberhard, Simeon, Gerwin, Max Joseph

Kalter April
bringt Brot und Wein viel.

Lässt der April feuern,
so füllen sich die Scheuern.

18. April
Werner, Mechthild, Apollonius, Aya, Ursmar, Wigbert

Bauen im April die Schwalben,
gibt's viel Futter, Korn und Kalben.

Schießt im April das Gras,
bleibt der Maimund kühl und nass.

19. April
Friedrich, Gerold, Emma, Leo, Crecentius, Kuno

April nass und kalt –
wächst das Korn wie ein Wald.

Aprilwetter und Herrengunst,
darauf zu bauen ist umsunst.

20. April
Viktor, Adelher, Agnes, Hildegund, Wilhelm

Der April treibt sein Spiel,
treibt er es toll,
wird die Scheune voll.

Gibt's im April mehr Regen als Sonnenschein,
wird's warm und trocken im Juni sein.

21. April

Konrad von Parzham, Anselm, Alice, Selma, Simeon

Wenn's im April donnert,
gibt es keinen Reif mehr.

Aprilschnee ist ein „Grasbrüter".

22. April

Alfried, Wolfhelm, Aldebert, Cajus, Soter, Radulf

Regnet's vorm Georgitag *(24. April)*,
währt noch lang des Segens Plag.

Wenn vor Georgi der Regen fehlt,
wird man danach noch lang von ihm gequält.

Vor Georgi trocken –
nach Georgi nass.

Sankt Georgs Pferd
tritt den Hafer in die Erd.

Um den Jürgentag *(St. Georg)* soll man die Krähe
in der Saat nicht mehr sehen.

23. April

Adalbert, Arnulf, Gerhard, Ägidius, Richardis, Pusinna

Bläst der April mit beiden Backen,
gibt es genug zu jäten und zu hacken.

Wenn der April wie ein Löwe gekommen ist,
dann geht er wie ein Lamm.

Mit Adalbert kommen die Schwalben.

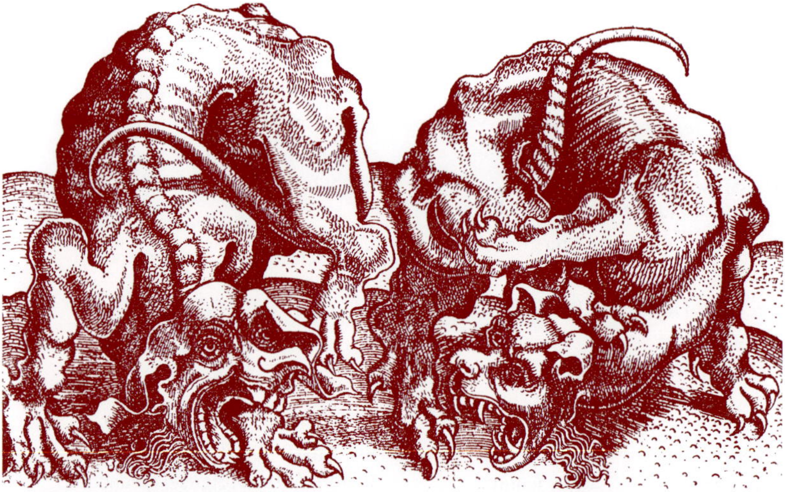

Den Drachen hat der heilige St. Georg besiegt.

24. April
Georg, Robert, Egbert, Wilfried, Leontius, Fidelis

Mit Sankt Georgs Güte
stehn alle Bäum in Blüte.

Sankt Georg und Sankt Markus *(25. April)*
dräuen oft viel Arg's.

Kommt Sankt Georg auf dem Schimmel geritten,
so ist das Frühjahr wohl gelitten.

So viel Tage am Sankt Georg der Frosch schreit,
so viel muss er danach schweigen.

Ist Georgi warm und schön,
wird man noch raues Wetter sehn.

Wenn am Georgstag
die Sonne scheint,
gibt es viele Äpfel.

Vor Georgi trocken –
nach Georgi nass.

25. April (Lostag)
Markus, Erwin, Hermann I., Franka

So lange die Frösche vor Markus geigen,
so lange sie nach Markus schweigen.

Ist's vor Markus warm,
friert man nachher bis in den Darm.

Solange es vor Sankt Markus warm ist,
solange ist es hinterher kalt.

Sankt Markus
Kornähren bringen muss.

Wenn an Markus die dritten Buchen grünen,
so will er mit einem guten Jahr dienen.

Gibt's an Markus Sonnenschein,
so bekommt man guten Wein.

Ist Markus kalt,
so ist auch die Bittwoch kalt.

26. April
Helene, Richarius, Richard, Marzellinus

April trocken
lässt die Keime stocken.

Je zeitiger im April die Schlehe blüht,
umso früher vor Jakobi *(25. Juli)* die Ernte glüht.

27. April
Petrus Kanisus, Zita, Floribert, Tutilo, Peregrinus

April warm, Mai kühl, Juni nass,
füllt dem Bauern Scheuer und Fass.

Aprilwärme und Regen
machen den Schnecken die Wege.

28. April
Vidalis, Gerfried, Pierre, Hugo

Gefriert's auf Sankt Vital,
gefriert's noch fünfzehnmal.

April windig und trocken
macht alles Wachstum stocken.

29. April
Katrin, Katja, Robert, Hubert von Cluny

April-Frost schadet dem Unkraut nicht.

Wenn der April Spektakel macht,
gibt's Heu und Korn in voller Pracht.

30. April
Walpurgisnacht
Hemo, Bernhard, Hilde, Horst, Sophia, Emil

Regen in der Walpurgisnacht
hat stets ein gutes Jahr gebracht.

Regen in der Walpurgisnacht
hat Tenne und Keller vollgemacht.

Die Osterzeit

Palmsonntag

Palmsonntag hell und klar
bringt ein gut und fruchtbar Jahr.

Schneit's am Palmsonntag auf die Palmen,
schneit's später in die Garben.

Wenn's den Buben auf die Palmbesen schneit,
so regnet's den Jungfrauen am Fronleichnamstag auf die Kränze.

Wenn es nicht auf den Palmzweig regnet,
so regnet's auf die Eier.

Das letzte Abendmahl

Gründonnerstag

Ist der Gründonnerstag weiß,
so wird der ganze Sommer heiß.

Karfreitag

Wenn es am Karfreitag regnet,
ist das ganze Jahr gesegnet.

Wenn es in der Karfreitagnacht friert,
so schadet kein späterer Frost.

Wenn es dem Herrn Christus ins Grab regnet,
so gibt's einen trockenen Sommer.

Karfreitag regnerisch
macht das Jahr durstig.

Gibt's Karfreitag und Ostern starken Regen,
kann's auf der Wiese viel Futter geben.

Kälber, am Karfreitag geworfen,
gedeihen nicht.

Die Eier, welche die Hühner am Karfreitag legen,
sind die stärksten.

Karsamstag

Am Karsamstag hat es oft neunerlei Wetter.

Ostersonntag

Regnet's am Ostertag,
so regnet's alle Sonntag.

Wenn's auf Ostertag die Sonne hell scheint,
der Bauer bei seinem Korn auf dem Speicher weint;
ist der Ostertag ähnlich der Nacht,
er sich so recht ins Fäustchen lacht.

Wenn's Ostern regnet,
ist die Erde den ganzen Sommer durstig.

Brauchtum:
Das Brauchtum um die Osterzeit ist vielfältig. Es beginnt mit den Umzügen von hölzernen Palmeseln und dem Palmgertentragen am Palmsonntag, wird mit Pferdeumritten fortgesetzt und endet am Ostermontag mit dem Gang nach Emmaus, einer Prozession, die noch vor Sonnenaufgang von den Pfarrkirchen aus in eine entlegene Kapelle geschieht.

Am Abend des Gründonnerstags, an dem das Leiden Christi seinen Anfang genommen hat, schweigen die Glocken der Kirchtürme; im Volksmund heißt es, sie seien nach Rom geflogen. Ihre Geläute ersetzen die Ministranten mit ihren hölzernen Ratschen, die sie zur Zeit des Gebetanläutens wie zum Ave und zum Gottesdienstbeginn lautstark in Bewegung setzen. Am Ostersonntag werden in den Kirchen die Ostereier und gebackenen Osterlämmer geweiht.

Am Ostermontag geht's in den Dorfwirtschaften gesellig zu, wenn von Traditionsgasthäusern zum Eierpecken mit Konzert eingeladen wird. Besonders schön zur Osterzeit sind die Stadt-, Markt- und Dorfbrunnen, die – vor allem in Franken – mit Ostereiern, Palmkätzchen, Frühlingsblumen und bunten Bändern geschmückt werden.

Wenn Ostern auf Sankt Markus fällt,
Sankt Anton sich an Pfingsten hält,
Johann sich auf den Leichnam stellt,
so schreiet Weh die ganze Welt.

(Seit der Hellseher Nostradamus diese Prophezeiung wagte, ist Ostern dreimal so spät, also auf den 25. April, gefallen. Das war in den Jahren 1666, 1734 und 1886.)

Wind, der zu Ostern weht,
noch vierzehn Tage geht.

Ein Wind, der von Ostern bis Pfingsten regiert,
im ganzen Jahr sich wenig verliert.

Woher der Wind am Ostermorgen weht,
daher weht er in der Hauptsache
das ganze Jahr.

Mai

Maimond
Wonnemonat
Wunnichmanoth
Winnemanot
Weidemonat

Sonne und Mond

Der Tag wächst im Mai um eine Stunde und 25 Minuten (MESZ, Kassel, siehe Seite 184).

	Monatsbeginn	Monatsende
Sonnenaufgang	5.54 Uhr	5.12 Uhr
Sonnenuntergang	20.45 Uhr	21.28 Uhr
Mondaufgang	5.16 Uhr	4.26 Uhr
Monduntergang	17.13 Uhr	18.41 Uhr

Von allen Kosenamen für den Mai ist der Name Wonnemonat am bekanntesten, der seiner liebevollen Bezeichnung alle Ehre macht. Dass aber einst im Mai, wie heutzutage üblich, aus lauter Wonne und Liebe wie Freude an der erwachten Natur die meisten Ehen geschlossen wurden, stimmt keinesfalls. Einstmals wurden Eheschließungen vor allem in jenen Monaten bevorzugt, in denen die Arbeit auf dem Felde ruhte. So gab es jede Menge Hochzeiten vor allem in der Zeit vom Dreikönigstag bis Aschermittwoch sowie im Herbst, wenn die Erntezeit vorbei war. Wenn geerntet, gedroschen und gemahlen wurde, wenn man geschlachtet, geselcht und gewurstet hatte, kurz, wenn alle Lebensmittel in Hülle und Fülle vorhanden waren und außerdem die Jahreszeit noch keine Arbeit auf den Feldern erforderte, sah man die günstigste Zeit für Hochzeiten. Diese dauerten im bäuerlichen Bereich dann dafür drei Tage lang und wurden oft mit mehreren hundert Gästen gefeiert.

Im alten Rom hatte man dem Gott Jupiter den „Maius" geweiht. In Nordeuropa dachte man ihm die Frühlingsgöttin Maya zur besonderen Verehrung zu. Die katholische Kirche weihte den Mai der Gottesmutter Maria, zu deren Ehre auch heutzutage allabendlich im Mai die Maiandachten in Stadt, Markt und Dorf gehalten werden.

Die mittelhochdeutsche Lyrik verewigte den Mai als Wonnemonat, indem sie die Freude am Wiedererwachen der Natur, über das Grün all überall und das Ausgelassensein beim Spiel und Tanz im Freien in ihre Dichtkunst einfließen ließ. Die Aufforderung: „Der Mai ist gekommen, die Bäume schlagen aus, nur wer keine Lust hat, der bleibet zu Haus'", wie es ein altes Volkslied besingt, gilt allemal.

Schwendtage im Mai

Als verworfene Tage gelten der 3., der 10., der 22. und der 25. Mai.

Tierkreiszeichen

Der „Taurus", also das Sternzeichen des Stieres, dominiert ab dem 21. April bis zum 20. Mai. Abgelöst wird der Stier am 21. Mai von den Zwillingen (Gemini), die fast bis zu den Hundstagen (siehe Seite 42) für die Astrologie dominierend sind.

Das Mai-Klima

Schon allein die Eisheiligen sorgen dafür, dass sich der Mai nicht immer als Wonnemonat erweist. In Österreich wie auch im alpenländischen Raum liegen zwar die Morgentemperaturen in geschützten Lagen zumeist über 10 °C und die Mittagstemperaturen sogar bei 15 °C. Doch Mitte des Monats gefährden die Kälteeinbrüche durch Nordwestwinde die Baumblüte. In Mittelgebirgsgegenden sind sogar Schneefälle zum Monatsbeginn nicht ausgeschlossen. Und Gewitter sind im schönen Maien ebenfalls an der Tagesordnung. Im Durchschnitt kann man in den gemäßigten Zonen Mitteleuropas mit zwei Schneetagen und vier Gewittern rechnen. Die Sonneneinstrahlung schwankt zwischen 230 und 300 Stunden. Aber es hat auch Maien gegeben, an denen sich die Sonne nur an 150 Tagen blicken ließ.

Die Regentage schrumpfen im Mai auf durchschnittlich 8 (Warnemünde) und 13 (Wasserkuppe) zusammen; die Niederschläge lagen in Deutschland von 1961 bis 1990 zwischen 46,5 mm pro Quadratmeter in Warnemünde und 107,4 mm pro Quadratmeter im Raum München.

Meteorologische Mai-Rückschau

Es ist schon immer einmal vorgekommen, dass in Mittelgebirgs- wie Gebirgsgegenden zum Maibaumaufstellen kein Maitanz unter freiem Himmel stattfinden konnte, weil dies ein Schneegestöber verhinderte. Der Grund: Kalte Winde aus Norden bringen des öfteren Regen- und Schneeschauer. Auch Nachtfrostgefahr mit Werten um die 2 bis 3 °C sind nicht selten. Doch gegen einen reichlichen Mai-Niederschlag haben die Landwirte und Winzer nichts einzuwenden, denn eine Bauernregel besagt:
Regen in der Walpurgisnacht
hat stets Tenn und Keller vollgemacht.
Der Mai kann jedoch auch freundlich beginnen, wie der 1. Mai 1913 bewiesen hat, als die Quecksilbersäule in mittleren Lagen Deutschlands auf über 27 °C angestiegen ist. Übertroffen wurden diese Temperaturen sogar noch von den Eisheiligen des

	Freising-Weihenstephan	Würzburg-Stein
Rosskastanienblüte	8. Mai	8. Mai
Fliederblüte	12. Mai	5. Mai
Frühkartoffelaufgang	19. Mai	5. Mai
Ährenschieben beim Winterroggen	19. Mai	21. Mai
Spätkartoffelaufgang	22. Mai	22. Mai
Margaritenblüte	23. Mai	20. Mai

Jahres 1945, die anstatt Kälte 33,4 °C Wärme brachten. Bis zum Jahre 1850 lagen die Nachttemperaturen an den Eisheiligen fast ausnahmslos um −1 °C.

Phänologie – der Kalender der Natur

In Freising und Würzburg fangen die Pflanzen im langjährigen Mittel an den auf Seite 104 genannten Tagen zu blühen beziehungsweise zu keimen an.

Blütezeit im Garten

Unsere Wiesen und Gärten verwandeln sich in einen üppigen Blumenteppich. Blütezeit haben unter anderem Akelei, Enzian, Ehrenpreis, Flammende Liebe, Glockenblumen, Grasnelke, Hornkraut, Lupinen, Margariten, Pechnelke, Schafgarbe, Trollblume, Tränendes Herz, Anemonen, Waldrebe, Berberitzen, Besenginster, Fingerstrauch, Flieder, Geißblatt, Lavendelheide, Rotdorn, Rhododendron, Schneeball, Tulpenbaum und Zwergmispel.

Aussaat- und Pflanzkalender

Nach den Eisheiligen (11. bis 15. Mai) können auch in raueren Gegenden Tomaten, Bohnen und Gurken ins Freie gesät werden. Das gilt auch für die frostgefährdeten Sommerblumen und die Knollen der Dahlien.

Spätestens jetzt sollten auch die Obstbäume, die Blütenstauden, Birken, Hainbuchen und Koniferen gepflanzt werden.

Allerlei nützliche Ratschläge für Garten, Haus und Hof

Nach ihrer Blütezeit sollten die im Frühjahr blühenden Sträucher ausgelichtet und die Zwiebel- und Knollengewächse gesteckt werden. Die Erdbeeren sind zu mulchen, die ersten auftretenden Schädlinge mit Kräuter- und Brennnesseljauche zu bekämpfen.

Fällig wird um diese Zeit der erste Rasenschnitt; das davon gewonnene Gras sollte man etwas abtrocknen lassen, um es dann als Mulchmaterial für Baumscheiben oder auch für das Gemüsebeet zu verwenden. Die warmen Maitage eignen sich auch zur Anlegung neuer Rasenflächen, wenn kein

Spätestens im Mai ist die Zeit zum Pflanzen gekommen.

Frost mehr zu erwarten ist. Wer sich im kommenden Sommer über Leben im Gartenteich freuen möchte, für den ist es ebenfalls höchste Zeit, zum Spaten zu greifen.

Die Obstbäume sollten auf Spinnmilben, die an der Unterseite der Blätter leben, untersucht werden. Die Wurzelscheiben der Bäume sind zu lockern und mit einem Volldünger wie Mulch zu versehen.

Volksmedizin

Der Mai ist die richtige Aussaatzeit beziehungsweise Pflanzzeit für Heilkräuter aller Art. Wer sich ein Gesundheitsgärtlein anlegen will, der sollte keinesfalls die überall an sonnigen Plätzen wachsende Kamille vergessen.

Gesunde Kamille:
Der Engländer William Turner schrieb bereits 1551: „Kamille ist der Gesundheit des Menschen sehr zuträglich und hilft auch gegen Müdigkeit.“ Eine einzige selbst gezogene Blüte erhält mehr Aroma als eine ganze im Handel erhältliche Tüte. Die Blütenernte kann während des ganzen Sommers bis spät in den Herbst hinein geschehen.
Ein Aufguss von getrockneten Kamillenblüten hilft bei Darmbeschwerden, Appetitlosigkeit, Schlaflosigkeit und Stress. Gibt man eine kleine Menge des Aufgusses in das Badewasser von Babys, ist für deren guten Schlaf gesorgt. Spülungen mit Kamillentee helfen auch bei Entzündungen im Mundbereich und bei Bindehautentzündungen.

Bauern- und Wetterregeln

1. Mai (Losnacht)
Tag der Arbeit Josef der Arbeiter, Sigismund, Philipp, Arnold

Regnet's am ersten Maientag,
viel Früchte man dann ernten mag.

Wenn am 1. Mai Reif fällt,
gerät die Frucht wohl.

Fällt am ersten Maitag ein Tau,
so fällt diesen Monat keiner mehr.

Siehst Du am ersten Mai die Kräh im Korn nicht mehr,
Dann kommt der Sommer bald mit reicher Ernt einher.

2. Mai
Gerfried, Boris, Athanasius, Konrad

Nachtfröste im Mai schädlich sind,
gut hingegen sein der Wind.

Kühler, nicht nasskalter Mai,
gibt guten Wein und vieles Heu.

3. Mai
Tag der Kreuzauffindung Christi Philipp von Zell, Richard, Alexander

Philippi und Jakobi *(25. Juli)*,
viel friss i, wenig hob i.

Fällt Philippi und Jakobi Regen,
folgt sicherer Erntesegen.

Sind Philipp und Jakob nass,
so macht's dem Bauern großen Spaß.

Wie's Wetter am Kreuzauffindungstag,
bis Himmelfahrt es bleiben mag.
Wenn es am heiligen Kreuztag regnet,
werden die Nüsse leer.

4. Mai
Florian, Cäcilia, Verleria, Jean-Martin, Isidor

Brauchtum

Hexen und alle bösen Geister, so sagt man im Volksmund, seien in der Nacht zum 1. Mai, der Walpurgisnacht, los und würden Mensch und Tier, Feld und Ernte Schaden zufügen. Daran mag wohl heute keiner mehr glauben. Der Tag der Arbeit wird im Alpenländischen wie in weiten Teilen Deutschlands dazu genutzt, einen Maibaum als Sinnbild des dörflichen wie städtischen Zusammenhalts aufzustellen. Verbunden damit ist die Einladung zum Maitanz.

Eines der größten Frühlingsfeste, das Gauderfest, spielt sich in Zell im Zillertal (Tirol) ab. Dort wird jedes Jahr im Mai zu einem Widderstoßen eingeladen. Bei diesem Widderstoßen gehen die Schafböcke mit ihren stark gebogenen Hörnern aufeinander los, um dabei ihre Kräfte zu messen.

Der Florian, der Florian,
noch einen Schneehut setzen kann.

Maikäferjahr – ein gutes Jahr.

5. Mai

Sigrid, Angelus, Franz Jutta, Godehard

Viel Gewitter im Mai –
schreit der Bauer Juchhei!

Gewitter, das der Mai gebracht,
hat stets ein gutes Jahr gebracht.

6. Mai

Dietrich, Antonia, Johann von der Pfalz, Edelbert, Gundula

In der Johannisnacht gesteckte Zwiebel
wird groß fast wie ein Butterkübel.

Abendtau im Mai
gibt das rechte Heu.

7. Mai

Stanislaus, Gisela, Helga, Reginald, Notker

Nordwind im Mai
bringt Trocknis herbei.

Wenn sich naht St. Stanislaus,
rollen die Kartoffeln aus.

8. Mai

Ida, Godo, Klara, Ulrich, Ulrike, Wolfhild, Wigger

Sonnenfinsternis im Mai
führt einen trockenen Sommer
herbei.

Gibt's im Mai der Nebel viel,
fehlt's an Äpfel und Birnen zum
Spiel.

9. Mai

Ottokar III. Theresia, Volkmar, Adalgar

Selbst der Mai ist sich oft nicht zu gut
und schneit den Bauern auf den Hut.

Mairegen auf die Saaten –
dann regnet's Dukaten.

10. Mai

Gordian, Antonius, Bertram, Blanda, Epimachus

Der heilige Sankt Gordian
richtet oft noch Schaden an.

Im Mai soll dem Hirten der Sack vom Leibe faulen,
dann wird's ein gutes Jahr.

11. Mai (Lostag)

Mamertus, Thomas, Joachim, 14. Nothelfer, Sigismund, Udo

Mamerz hat ein kaltes Herz.

Ein kühler Mai wird hoch geacht,
hat stets ein fruchtbar Jahr gebracht.

12. Mai (Lostag)

Pankratius, Nereus, Achilleus, Imelda

Hat Pankraz einen schönen Tag,
wohl der Wein geraten mag.

Pankraz hält den Nacken steif,
sein Harnisch klirrt vor Frost und Reif.

Pankraz, Servaz, Bonifaz
machen erst dem Sommer Platz.

Wenn's an Pangrazi regnet,
so fallen die Birnen herunter,
und wären sie mit Eisendraht an den Baum gebunden.

Vom 11. bis zum 15. Mai ist die Zeit der Eisheiligen.

Wenn es am Pankratiustag schön ist,
so ist es ein gutes Zeichen für einen schönen und reichen Herbst.

Pankratius und Servatius *(13. Mai)*
sieht kein Gärtner gern,
denn sie sind zwei sehr strenge Herrn.

13. Mai

Servatius, Robert, Agnes, Orlanda, Ismelda

Der heilige Mamerz hat von Eis ein Herz;
Pankratius hält den Nacken steif,
sein Harnisch klirrt von Frost und Reif;
Servatius' Hund der Ostwind ist,
hat schon manch Blümlein totgeküsst.

Eh Pankraz und Servaz vorbei,
ist nicht sicher vor Kälte der Mai;
ja auch Sankt Urbanus *(25. Mai)*
ist oft noch ein Grobianus.

Vor Servatius kann kein Sommer bestehen,
nach Servatius ist kein Frost zu sehen.

14. Mai

Bonifatius, Christan, Justina, Iso, Paschalis

Sankt Bonifaz muss vorübergehn,
dann wirst du kaum mehr Nachtfrost sehn.

Vor Bonifaz kein Sommer,
nach Sophie kein Frost.

Pankrazi, Servazi, Bonefazi
sind drei frostige Bazi;
und am Ende fehlet nie
die eisig kalte Sophie!

Wer seine Schafe schert vor Bonifaz,
dem ist die Wolle lieber als das Schaf.

15. Mai (Lostag)

Sophie, Isidor der Bauer, Gerbert, Rupert

Vor Nachtfrost du nicht sicher bist,
bevor Sophie vorüber ist.

Die Sophie liebt es öfters kalt,
der Lostag ist jahrhundertalt.

16. Mai

Johannes Nepomuk, Ubald, Adelphus

Erst in der Mitte des Mai
ist der Winter vorbei.

Hörst Du im Mai die Wachteln schlagen,
künden sie von Regentagen.

Ist der Mai recht heiß und trocken,
kriegt der Bauer kleine Brocken.
Ist er aber feucht und kühl,
dann gibt's Frucht und Futter viel.

17. Mai

Dietmar, Walter, Bruna, Erich, Paschalis

Fliegen Kiebitz und Schwalbe hoch,
bleibt trockenes Wetter lange noch.

Wenn im Mai die Frösche knarren,
kannst du getrost auf Regen harren.

18. Mai

Claudia, Felix, Johannes I., Venantius

Weht der Wind jetzt aus dem Süden,
ist uns Regen bald beschieden.

Abendtau im Mai
gibt das rechte Heu.

19. Mai

Bernarda, Ivo, Kuno, Alwin

Auf nassen Mai
kommt ein trockener Juni herbei.

Der Weinstock möchte siebenmal im Jahr seinen Herrn sehen.

Viel (wenig) Regen im Mai,
wenig (viel) Regen im September.

20. Mai

Bartholomäus, Bernhardin von Siena, Valeria, Pilgrimm

Schreit der Kuckuck viel im Mai,
klappert der Storch und zieht die wilde Gans ins Land,
so ist ein schöner Frühling zur Hand.

Bienenschwärme im Mai
bringt uns viel Heu.

21. Mai

Hermann, Ehrenfried, Konstantin der Große, Wiltrud

Ein Bienenschwarm im Mai –
ein Fuder Heu;
ein Schwarm im Jun –
ein fettes Huhn;

ein Schwarm im Jul –
ein Federspul.

Schwärmen im Mai die Bienen,
lass Dir's zum Troste dienen.

22. Mai
Julia, Renate, Rita, Romanus, Helena, Romuald

Wird im Mai das Korn dünn stehn,
wird's teuer stehn.

Gerät die Eichelblüt im Ausgang des Maien wohl,
so machet sie das Jahr schmalzig voll.

23. Mai
Desiderius, Johann, Wigbert, Wiprecht

Im Mai soll der Weidmann ausschlafen
und der Förster Augen nichts tun.

Wer Hafer sät im Mai,
der hat viel Spreu.

24. Mai
Afra, Susanne, Hildebert, Johanna, Magdalena

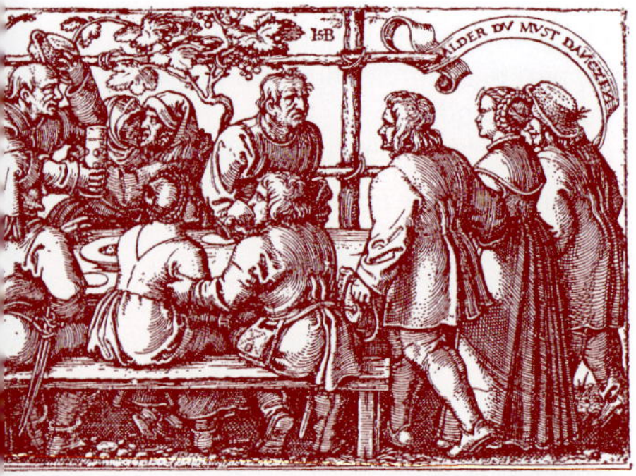

Seit alters her ist der Mai der erste Monat im Jahr, der zum Feiern ins Freie lockt.

Willst du wissen des Weines Frommen,
so lass den Mai erst zu Ende kommen.

Die Liebe und der Mai
gehen selten ganz ohne Frost vorbei.

25. Mai (Lostag)
Urban, Heinrich, Heribert, Gregor VII., Maria Magdalena

Ist's an Sankt Urban hell und rein,
gibt es reichlich Korn und Wein.

Ist am Urbanstag das Wetter schön,
so wird man volle Weinstöck sehn.

St. Urban säe Flachs und Hanf.

Scheint am Urbanstag die Sonne,
so gerät der Wein zur Wonne,
regnet's aber, nimmt er Schaden
und wird selten wohlgeraten.

Urban gibt den Rest,
wenn Servaz *(13. Mai)* noch was übrig lässt.

Danket St. Urban, dem Herrn,
er bringt dem Getreide den Kern.

Wenn St. Urban kein gut Wetter gibt,
wird er in die Pfützen geleit.

Die Witterung auf Sankt Urban
zeigt des Herbstes Wetter an.

Scheint die Sonne am Urbanitag,
wächst Wein nach alter Sag'
und das Korn im Getreide;
wenn's aber regnet,
ist nichts gesegnet.

26. Mai
Augustin, Maria Anna, Paulinus, Godo

Je mehr die Maikäfer verzehren,
je mehr wird die Ernte bescheren.

Sind der Maikäfer und Raupen viel,
steht eine reiche Ernte am Ziel.

27. Mai
Hildebert, Rainulf, Augustinus

Wenn der Mai ein guter Gärtner ist,
so ist er auch ein guter Bauer.

Ein kühler Mai und nasser Jun'
das beste bei dem Feldbau tun.

28. Mai
Margareta, Wilhelm, Rudhard, Germanus, Dietland

Der Frost, der im Mai kommt spät,
ist schädlich dem Hopfen und Wein,
den Bäumen, dem Korn und dem Lein.

Ein heißer Mai
ist des Todes Kanzlei.

29. Mai
Irmtrud, Maximin, Walram, Bona, Gerda

Stehend Wasser im Mai
bringt die Wiesen ums Heu.

Im Maien fällt der meiste
und nach halbem Mai der gesundeste Tau.

30. Mai
Wigand, Johanna von Orleans, Reinhild, Ferdinand, Hubert

Wigand, dieser böse Tag
zuletzt noch Nachtfrost bringen mag.

Im Mai zartes und duftiges Gras
gibt gute Milch ohne Unterlass.

31. Mai
Petronilla, Helmtrud, Aldo, Mechthild, Sigewin

Auf Petronellentag Regen –
wird sich der Hafer legen.

Ist es klar an Petronell,
messt den Flachs ihr mit der Ell.

Christi-Himmelfahrts-Tag

Wie das Wetter am Himmelfahrtstag war,
so wird es im Herbst sogar.

Regnet's am Auffahrtstag,
so regnet's ein Drittel von der Frucht ab.

Scheint am Himmelfahrtstag die Sonne,
bringt der Herbst uns große Wonne.

Regnet's am Auffahrtstag, so misslingt das Heu;
wenn am Pfingsttage, so regnet's sieben Sonntage;
wenn am Dreifaltigkeitsfest
(1. Sonntag nach Pfingsten),
so regnet's den dritten Teil der Früchte ab.

Am Himmelfahrtstag kommen die Gewitter zurück.

Wenn an der Auffahrt d'Reben
scheinen über den Rhein,
so gibt's guten Wein.

Pfingstfest

Helle Pfingsten – dürre Weihnachten.
Nasse Pfingsten – fette Weihnachten.

Regnet's am Pfingstsonntag,
so regnet's sieben Sonntage.

Brauchtum:
Der Christihimmelfahrtstag ist in den Jahren nach dem Zweiten Weltkrieg als Vatertag entdeckt worden. Gekennzeichnet ist er von bier- wie weinseligen Ausflügen von Vätern in nahegelegene Wanderziele.

Pfingstregen
kommt nie gelegen.

Regnet's am Pfingstsonntag,
so regnet's sieben Sonntag.

Dreifaltigkeitssonntag

(1. Sonntag nach Pfingsten)

Wenn's am Dreifaltigkeitssonntage regnet,
so regnet's dreizehn Sonntage.

Regen am Trinitatistag –
sieben Wochen es regnen mag.

Brauchtum:
Das Pfingstfest, vor allem aber der Pfingstmontag, wird regional höchst unterschiedlich gefeiert. Zumeist wird es zu Wallfahrten und Pferdeumritten genutzt. Der Kötzinger Pfingstritt (Ostbayern) zieht alljährlich am Pfingstmontag an die 400 Reiter an. Deutschlandweit bekannt ist auch die Pfingstwallfahrt zum Bogenberg an der Donau bei Straubing, wo fromme Pilger eine 13 m (!) lange Kerze 75 km weit zur Muttergottes vom Bogenberg tragen.

Fronleichnam

Fronleichnam schön und klar
sagt an ein gutes Jahr.

Corporis Christi schön und klar –
guter Wein in diesem Jahr.

Fällt auf die Fronleichnamsprozession Regen,
so regnet's vierzig Tage allerwegen.

Wenn am Fronleichnam die Blumen welken,
so welkt im Heumond das Heu.

Brauchtum:
Fronleichnam gilt in den Gegenden mit vorwiegend katholischer Bevölkerung als die jährlich größte öffentliche Glaubensbekundung. Erstmalig wurde das Fronleichnamsfest aufgrund der Vision einer Nonne im Jahre 1246 in Lüttich abgehalten. Im Volksmund wird dieser Tag auch Prangertag genannt, weil die beim festlichen Umzug mitmarschierenden Gläubigen sich dafür so richtig herausgeputzt haben.

Juni

Brachmonat
Heumonat
Brachet

Sonne und Mond

Der Tag wächst im Juni um 15 Minuten (MESZ, Kassel, siehe Seite 184).

	Monatsbeginn	Monatsende
Sonnenaufgang	5.12 Uhr	5.10 Uhr
Sonnenuntergang	21.29 Uhr	21.42 Uhr
Mondaufgang	4.55 Uhr	4.00 Uhr
Monduntergang	20.03 Uhr	20.13 Uhr

Als alles andere als ein Monat zum Feiern galt einst der Juni, der auch Brachmonat genannt wird. In der zweiten Monatshälfte begann die erste Heuernte, der im Herbst eine zweite folgte. Die Römer weihten diesen Monat der Göttin Juno, die als Schutzherrin der Ehe und Familie angesehen wurde. Der große Höhepunkt dieses Monats ist der Tag der Sommersonnenwende am 21. Juni beziehungsweise der dann in den Zeiten der Christianisierung zum Fest der Sommersonnenwende bestimmte Johannistag am 24. Juni. Die alten Germanen feierten bereits ebenfalls die Sommersonnenwende als längsten Tag und kürzeste Nacht.

Bereits aus dem Mittelalter gibt es zahlreiche Berichte, die belegen, dass sogar der Adel, Patrizier, Bürger und Bauern, aber ebenso die Geistlichen sich zu Sonnwendfeuern versammelten, vor allem, weil man diesen reinigende, Übel abwehrende und Fruchtbarkeit spendende Kräfte zuschrieb.

Schwendtage im Juni

Als verworfene Tage gelten der 17. und der 30. Juni.

Tierkreiszeichen

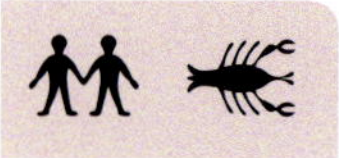

Die Zwillinge (Gemini) haben es dem Juni angetan. Ihr Sternzeichen geht bereits am 21. Mai auf und beherrscht das Horoskop bis zum 21. Juni. Sie werden von den im Krebs (Cancer) geborenen Menschen abgelöst, deren Geburtstage in die Zeit zwischen dem 22. Juni und 22. Juli fallen.

Das Juni-Klima

Wenn er auch als erster Sommermonat gilt, so will man dem Juni noch nicht ganz so trauen, kann er doch ziemlich unangenehm mit seiner Schafskälte überraschen (siehe Seite 41). Ganz gleich, ob nun diese Kälterückfälle bereits zum Monatsbeginn oder erst gegen die Mitte hin kommen, sind längere Schönwetterperioden für den Juni eher die Ausnahme. Dagegen muss bereits um diese Zeit mit Gewitterhäufigkeit gerechnet werden. Man möchte es kaum glauben, dass die „Schafskälte" regelmäßiger als etwa die Eisheiligen das Land heimsuchen. Die „Schafskälte" tritt nach Wetteraufzeichnungen mit einer 89-prozentigen Wahrscheinlichkeit ein, während die Eisheiligen sich in einigen Regionen Mitteleuropas nur zu 67 % mit ihren für Garten und Obstgärten oft verheerenden Folgen sehen lassen.

Das Monatsmittel der Temperaturen liegt im Durchschnitt bei 16 °C, was nicht viel mehr ist, als der Mai in manchen Gegenden Mitteleuropas ohnehin schon geboten hat. Das mittlere Tagesmaximum schwankt, so die Beobachtungen von 1961 bis 1990, in Deutschland zwischen 18,9 °C (Warnemünde) und 20,5 °C (München) und das Tagesminimum zwischen 6,5 °C (Fichtelberg) und 12,8 °C (Freiburg). Die Niederschläge erreichen im Monatsdurchschnitt zwischen 9 und 14 Tage, die Niederschläge selbst zwischen 59,4 mm (Warnemünde) und 130 mm (München).

Die Sonne zeigt sich im Monat des Mittsommers an 181 Stunden in Essen und an 247 Stunden in Warnemünde. In Österreich fällt im Juni 12 % des Jahresniederschlags mit 70 bis 90 mm. Durchschnittlich werden dort im Juni zwischen 4 und 6 Gewitter registriert.

Meteorologische Juni-Rückschau

Der Juni kann durchaus ein schönes Gesicht zeigen, wie etwa im Juni 1980, als er mit Maximumtemperatu-ren von 35 °C aufwartete. Doch es kann auch anders kommen: 1923 sank an einem Junitag die Quecksilbersäule auf einen Tiefstwert von −1,4 °C ab.

Als eines der niederschlagsreichsten Jahre galt in Mitteldeutschland das Jahr 1853, in dem im Juni 163 mm Regen (Liter pro Quadratmeter) fielen. Besonders viel Regen gab es auch im Juni der Jahre 1956 (153 mm), 1871 (147 mm), 1946 (145 mm), 1954 (144 mm) und 1856 (141 mm).

Doch der Juni kann auch anders: Im Juni des Jahres 1857 fielen in der Mitte Deutschlands bei Halle nur 8 mm, 1876 nur 10 mm, 1936 nur 17 mm, 1903 sowie 1930 den ganzen Monat lang nur 18 mm Regen.

Am 14. Juni 1946 fiel in Halle die größte Niederschlagsmenge, die dort je an einem Junitag gemessen wurde: Der Himmel öffnete seine Schleusen

und überschwemmte das Land mit 76 Litern (!) Regen pro Quadratmeter.

Phänologie – der Kalender der Natur

Gemeinhin wird der Beginn der Winterroggenblüte um den 8. und 9. Juni als Frühsommerbeginn gerechnet. Eine Woche später, am 8. und 9. Juni, wird der erste Heuschnitt in Angriff genommen, so die langjährigen phänologischen Daten. Die Blütezeit des Schwarzen Holunders beginnt zwischen dem 2. und 13. Juni. Die Haferähren beginnen mit ihrem „Schieben" um den 18. Juni, die Sommerlinde hat zwischen dem 24. und dem 27. Juni ihre Blütezeit.

Blütezeit im Garten

Im Garten blühen Lilien, Fetthenne, Dachwurz, Glockenblumen, Habichtskraut, Rittersporn, Mädchenauge, Indianernessel, Thymian, Geißblatt, Linde, Scheinakazie, Steppenkerze, Rhododendron, Rosen, Pfeifenstrauch, Ranunkelstrauch, Sonnenröschen, Freilandgloxinie, Trompetenbaum, Wildflieder, Hortensien, Sonnenbraut und Sonnenauge, um nur einige Sommerblüher zu nennen.

Aussaat- und Pflanzkalender

Ausgesät werden müssen unbedingt die Monatserdbeeren. In die Erde müssen die im Herbst blühenden Blumenzwiebeln, späte Gemüsesorten und die zweijährigen Pflanzen, das Herbstgemüse und die Folgesaaten von Kohlrabi, Endivien, Buschbohnen und Erbsen. Im Gartenteich können nun die Sumpf- und Wasserstauden angepflanzt werden.

Allerlei nützliche Ratschläge für Garten, Haus und Hof

Der Rasen soll erst dann ein erstes Mal gemäht werden, wenn die Zwiebelpflanzen wie etwa die Osterglocken sich mit vergilbten Blättern zeigen. Zudem ist es jetzt die richtige Zeit, neue Rasenflächen anzulegen. Die Hecken sollen erst dann geschnitten werden, wenn die jungen Vögel ihr Nest verlassen haben. Jetzt beginnt auch die „Angriffszeit" der Schnecken auf unsere Gärten, der man mit Absammeln und Schneckenzäunen Abhilfe schaffen kann. Die Sträucher in den Kübeln benötigen jetzt unbedingt eine Düngung.

Volksmedizin

Im Juni geht die Spargelzeit ihrem sicheren Ende zu, denn der letzte Spargel eines Jahres wird in den speziellen Spargelanbaugebieten am Johannistag, also dem 24. Juni, gestochen.

Spargel
wirkt vor allem entwässernd. Man kann ihn sogar täglich zweimal genießen, jeweils an die 250 g, um zu echtem Spargelgenuss und zu gesundheitlichem Erfolg zu kommen. Spargel gilt als besonders harntreibend und hilft bei Blasen- und Nierenleiden.

Nach der ersten Schafschur im Jahr kann sich noch die gefürchtete Schafskälte einstellen.

Bauern- und Wetterregeln

1. Juni (Lostag)
Nikodemus, Fortunatus, Regina, Felix, Rupert, Luitgart

Schönes Wetter auf Fortunat
ein gutes Jahr zu bedeuten hat.

Nikodemus kann
noch warten;
Peter und Paul,
die können braten.

2. Juni
Armin, Eugen, Erasmus, Petrus, Marzellinus, Ephraim

Auf den Juni
kommt es an,
wie die Ernte soll bestahn.

Wie der Juni,
so der Dezember.

3. Juni
Klothilde, Paula, Hilburg, Morand, Erpho, Lifard

Reif in der Juninacht
den Bauern Beschwerde macht.

Viermal Juniregen
bringt zwölffachen Segen.

4. Juni
Christa, Eva, Quirin, Werner von Ellerbach, Sophie, Wolfhard

Juni feucht und warm
macht keinen Bauern arm.

Juniflut
bringt den Müller um Hab und Gut.

5. Juni
Bonifatius, Winfried, Reinhard, Walter, Ferdinand, Felix

Ein dürrer Juni bringt ein
unfruchtbar Jahr;

so er allzu nass,
leert er Scheunen und Fass;
hat er aber zuweilen Regen,
dann gibt's reichen Segen.

6. Juni
Norbert von Xanten, Falko, Kevin, Fulger, Meinwerk

Wenn nass und kalt der Juni war,
verdirbt er meist das ganze Jahr.

Kalter Juniregen
bringt Wein und Honig keinen Segen.

7. Juni
Robert, Dietger, Eoban, Gottlieb, Lukretia

Wenn bis Johanni kein Regen fällt,
ist's um den Weinstock wohl bestellt.

Bringt der Juni trockne Glut,
dann gerät der Wein uns gut.

8. Juni (Lostag)
Medardus, Engelbert, Giselbert, Helga, Klodulf, Severin

Wie's wittert am Medardustag,
so bleibt es vier Wochen noch danach.

Regnet es am Medardi,
bleibt das Wetter 40 Tag unbeständig.

Macht Medardus feucht und nass,
regnet's ohne Unterlass.
Schier dasselbe gelten mag,
von St. Margaretens Tag *(10. Juni)*.

Was St. Medardus für Wetter hält,
solch Wetter auch in die Ernte fällt.

Wie's Wetter zu Medardus fällt,
es bis zu Mondes Schluss anhält.

Sankt Medardus gibt den Wein
so wie ist sein Wetterlein.

Wenn's am Medarditag regnet,
so wird das Heugras vergiftet.

Medard bringt keinen Frost mehr her,
der dem Weinstock gefährlich wär.

9. Juni
Diana, Primus, Richard, Vinzenz

Juni feucht und warm
macht den Bauern nicht arm.

Solange der Kuckuck schreit,
fürcht' die Trockenheit.

10. Juni
Margarete von Schottland, Gerlach, Bardo, Eustachius, Diana

Hat Margarete keinen Sonnenschein,
kommt das Heu nicht trocken heim.

Wenn im Juni kein Regen fällt,
ist's um den Weinstock wohl bestellt.

11. Juni (Lostag)
Barnabas, Rimbert, Adelheid, Helga

Regnet's an Sankt Barnabas,
regnet's ohne Unterlass.

St. Barnabas nimmer die Sichel vergaß,
hat den längsten Tag und das längste Gras.

Mit der Sens St. Barnabas
schneidet ab das längste Gras.

Sankt Barnabas macht, wenn er günstig ist,
wieder gut, was verdorben ist.

Regnet's an Sankt Barnabas,
schwimmen die Trauben bis ins Fass.

Wenn Sankt Barnabas gibt Regen,
so gibt's viel Traubensegen.

12. Juni
Marinus, Guido, Leo III., Odulf

Donnert's im Juni,
so gerät das Korn.

Im Juni viel Donner
bringt einen trüben Sommer.

13. Juni
Anton von Padua, Gerhard, Rambert, Tobias, Bernhard, Ragnebert

Wenn St. Anton gut Wetter lacht,
St. Peter *(29. Juni)* viel Wasser macht.

Menschensinn und Juniwind
ändern sich oft sehr geschwind.

14. Juni
Basilius, Gottschalk, Burchard, Eppo, Meinrad, Hartwig

Wenn im Juni der Nordwind weht,
das Korn zur Ernte trefflich steht.

Wind aus Nord im Junius
ist des Segens Weihekuss.

15. Juni (Lostag)
Vitus (Veitstag), Klara, Lothar, Gebhard, Isfried, Landelin

Wenn's an Vitus regnet fein,
soll das Jahr gar fruchtbar sein.

Ab Sankt Vitustag
die Nachtigall schweigen mag.

Wer noch sät nach Sankt Vit,
wird die Saat und Ernte quitt.

Sankt Veit
dreht die Blätter auf die andere Seit.

Von Veitl bis zur Hanneskent
(Johannisfeuer, 24. Juni)
braucht d'Sunna bis zur Umawendt.

Nach St. Veit
wendet sich die Zeit,
alles geht auf die andere Seit.

St. Vit bringt Regen und Fliegen mit.

O heiliger St. Veit, regne nicht,
dass es uns nicht an Obst und Wein gebricht.

16. Juni
Benno, Luitgard, Quirin, Justina, Aurelian, Aureus

Wer auf Benno baut,
kriegt viel Flachs und Kraut.

Blüht der Stock im vollen Licht,
große Beeren er verspricht.

17. Juni
Adolf, Euphemia, Fulko, Ramwold, Gundolf, Rainer

Juniregen und Brauttränen
dauern so lange wie's Gähnen.

Juni verdirbt das ganze Jahr,
wenn er kalt und regnerisch war.

18. Juni
Elisabeth, Gerhard, Amandus, Potentin, Dolores

Wie die Junihitze sich stellt,
so stellt sich auch die Dezemberkält.

Stellt sich der Juni mild ein,
wird's auch der September sein.

19. Juni (Lostag)
Andreas, Hildegrim, Deodat, Gervasius, Rasso, Romuald

Wenn es regnet auf Sankt Gervasius,
es vierzig Tage regnen muss.

Wenn die Johanniskäfer hell leuchten im Garten,
dann ist gutes Wetter zu erwarten.

Wenn Johanniswürmchen schön leuchten und glänzen,
kommt Wetter zur Lust und im Freien zu Tänzen.

Verbrirgt sich das Tierchen bis Johannis und weiter,
wird's Wetter einstweilen nicht warm und heiter.

20. Juni
Adalbert, Florentina, Meinrich, Silar, Benigna, Berhtold

Auf Nordwind mit Regen folgt
Hagel oft, der alles erdolcht.

Nordwind, der im Juni weht,
nicht im besten Rufe steht.

Kommt er an mit kaltem Gruß,
bald ein Gewitter folgen muss.

21. Juni
Sommeranfang
Aloisius, Alban, Radulf, Gonzaga, Silverius, Edelmund, Leutfried

Fliegt der Kiebitz tief und die Schwalbe hoch,
so bleibt die trockene Witterung noch.

Neumond und Vollmond im Juni
bringen zumeist beständiges Wetter.

22. Juni
Albin, Christine, Rotrud, Viktor, Eberhard, Sighild

Kommen die Bienen nicht heraus,
ist's mit dem schönen Wetter aus.

Wenn im Juni der Schnitter nicht schwitzt,
der Juli dem Bauern auch nichts mehr nützt.

23. Juni
Basilius, Edeltraud, Hildulf, Zeno, Agrippina, Sidonia

Vor Johanni bitt um Regen,
später kommt er ungelegen.

Vier Tage vor und nach der Sommerwende
zeigen an die Winde bis zum Sommerende.

24. Juni (Lostag)
Johannes der Täufer, Theodulf, Richard, Iwan, Gero

Tritt auf Johanni Regen ein,
so werden die Nüsse nicht gedeihen.

Bringt Johanni Sommerhitze,
ist es Korn und Runkeln nütze.

Brauchtum:
In der Zeit vom 20. Juni, dem Tag vor der Sommersonnenwende, bis zum 24. Juni, dem Johannistag, werden nicht nur im Alpenländischen, sondern in ganz Deutschland wie im hohen Norden Skandinaviens Sonnwendfeuer abgebrannt. Um diese Freudenfeuer aus Freude am längsten Tag und der kürzesten Nacht ranken sich natürlich viele Orakel. Wer den Sprung übers Feuer wagt, der soll frei von Sünde sein und vor allem vor jeglichen Krankheiten in den kommenden Monaten sicher sein. Verlobte sprangen gemeinsam über diese auf Anhöhen entzündeten Feuer, um so die baldige Hochzeit zu verkünden. Das zu Johannis gefällte Holz soll besonders gegen Fäulnis geschützt sein und Äckern, auf denen ein Sonnwendfeuer abgebrannt wird, soll neun Jahre lang eine gute Ernte beschieden sein.

Regnet's am Johannistag,
nasse Ernte man erwarten mag.

Johannisregen ohne Segen.

Wenn der Kuckuck nach Johanni schreit,
ruft er Misswachs und teure Zeit.

Vor dem Johannistag
keine Gerste man loben mag.

Regnet's auf Johannistag,
ist's der Haselnüsse Plag.

Johannes tut dem Winter
wieder die Tür auf.

Brauchtum:
Der letzte Spargel wird jetzt gestochen, die Spargelzeit endet um diese Zeit.

Wie's Wetter an Johanni war,
so bleibt's wohl vierzig Tage gar.

Wie das Wetter war um Johanni,
so wird es sein um Michaeli
(29. September).

Wenn es am Johannitag regnet,
so gibt es keinen Salatsamen.

Vor Johanni müssen Gemeinde und
Pastor um Regen bitten,
nach Johanni kann's der Pastor allein.

25. Juni

Dorothea, Eleonora, Wilhelm, Gohard, Prosper, Adalbert

Fliegen die Fledermäuse abends viel
umher,
kommt anhaltend schönes Wetter her.

Ameisen und Spinnen auf allen Pfaden,
dann wird das Wetter gut geraten.

26. Juni

Jeremias, Johannes, Paulus, Virgilius, Anthelm, Harald

Wenn die Wachteln fleißig schlagen,
singen sie von Regentagen.

Ein Gewitter wird losbrechen,
wenn die Bremsen stärker stechen.

27. Juni (Lostag)

Siebenschläfertag
Cyrill von Alexandrien, Daniel, Eppo, Hemma, Ladislaus

Wie's Wetter heut am Sieben-
schläfertag,
es sieben Wochen bleiben mag.

Wenn nach Siebenschläfer der Kuckuck
noch lange schreit,
ruft er Missernte und teure Zeit.

Nach den Siebenschläfern richten sich
sieben Tage und sieben Wochen.

Ist der Siebenschläfer nass,
regnet's ohne Unterlass.

28. Juni

Ekkehard, Diethild, Heimerad, Irenäus, Serenus, Leo II.

So heiß es im Juni,
so kalt im Dezember;
so nass oder trocken im Juni,
so nass oder trocken der Dezember.

Tritt eine Sonnenfinsternis ein,
wenn das Getreide blüht,
so sind wenig Körner
und daher Teuerung zu erwarten.

29. Juni (Lostag)

Peter und Paul, Beata, Gero, Hemma, Judith, Salome, Emma

Schön an Sankt Paul
füllt Taschen und Maul.

Ist Peter und Paul sonnig,
wird der Wein wonnig.

Regnet's am Sankt-Peters-Tag,
es dreißig Tage regnen mag.

Petri Paul klar – ein gutes Jahr.

Peter und Paul
machen dem Korn die Wurzel faul.

Der Petrus schwimmt im Schiff daher
oder im Schiff dahin.

Am Peterstag da labt die Kuh,
da heckt der Has, da legt das Huhn,
da kriegt die Hausfrau viel zu tun.

Um Peter und Paul bricht dem Korn
die Wurzel,
nun reift es Tag und Nacht.

Regnet es an Peter und Paul,
wird des Winzers Ernte faul.

30. Juni

Otto vom Bamberg, Ernst, Donatus, Theobald, Erentrud, Ehrentraud

Im Juni bleibt man gerne stehn,
um nach Regen auszusehn.

Wie die Holunderblüte,
so die Rebenblüte.

Juli

Heuert
Heumonat
Apostelmonat

Sonne und Mond

Der Tag nimmt im Juli um eine Stunde und vier Minuten ab (MESZ, Kassel, siehe Seite 184).

	Monatsbeginn	Monatsende
Sonnenaufgang	5.11 Uhr	5.45 Uhr
Sonnenuntergang	21.41 Uhr	21.11 Uhr
Mondaufgang	4.49 Uhr	5.51 Uhr
Monduntergang	21.24 Uhr	21.42 Uhr

Der Juli trägt den Vornamen von Julius Cäsar, was an Cäsars Kalenderreform im Jahre 46 nach Christus erinnert (julianischer Kalender). In altrömischer Zeit, in der das Kalenderjahr im März begann, hieß er Quintilis, also der fünfte Monat im Jahr.

Unter der Regentschaft Kaiser Karls des Großen kam er zum Namen „Hewimanoth“. Daran erinnert auch heute noch der in alten Kalendern genannt Beiname Heuert, also Heumonat. Gläubigen Christenmenschen galt er in Erinnerung an den gegenseitigen Abschied der Apostel am Tag der Apostelteilung (15. Juli) auch als Apostelmonat.

Schwendtage im Juli

Verworfene Tage sind der 19., der 22. und der 28. Juli.

Tierkreiszeichen

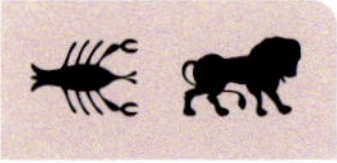

Geburtstag feiern im Juli die im Zeichen des Krebses wie des Löwen geborenen Menschen. Das Tierkreiszeichen des Krebses (Cancer) ist ab 22. Juni bis 22. Juli, das des Löwen (Leo) vom 23. Juli bis einschließlich 23. August dominant.

Das Juli-Klima

Manchmal setzt sich die Ende Juni begonnene Schlechtwetterperiode bis in den Juli hinein fort, was dann auch mäßige Wärme zur Folge hat. Die mittleren Tagestemperaturen liegen in Deutschland wie in den angrenzenden Nachbarländern zwischen 15 °C (Fichtelberg) und fast 25 °C (Freiburg). Das Tagesminimum wird an der Wasserkuppe im Jahresmittel mit 9,7 °C, in Warnemünde mit 13,7 °C und in Schleswig-Holstein mit 11,9 °C registriert.

Durchschnittlich regnet es im Juli immerhin noch an 9 Tagen in Potsdam und an 12 Tagen an der Wasserkuppe. Die Niederschlagsmengen erreichen pro Quadratmeter bis zu 116 mm in Oberbayern, in Essen 89 mm und in Görtlitz 70 mm.

Die Zahl der Sommertage, also Tage mit Temperaturen von 25 Grad, ist im Bundesgebiet wie den Nachbarländern höchst unterschiedlich. Wurden in den Jahren 1961 bis 1990 im jährlichen Durchschnitt in Schleswig-Holstein nur drei, an der Wasserkuppe zwei, in Warnemünde vier gezählt, so waren es in

Potsdam immerhin zwölf, in München elf und in Freiburg 15.

Unterschiedlich lang verwöhnt dementsprechend die Sonne die Menschen in Mitteleuropa. Das Mittel der Sonnenscheindauer liegt bei 200 Stunden, das Minimum bei 190, das Maximum sogar bei 250 Sonnenstunden, wie dies in Freiburg der Fall ist.

Meteorologische Juli-Rückschau

Wenn es auch im hochsommerlichen Juli, so wie im Jahre 1882, schütten kann, was der Himmel hält, wobei Niederschläge von 206 Liter pro Quadratmeter und Monat gefallen sind, so freut man sich dennoch zumeist an einem blauen Himmel mit weißen Wolken und vertraut auf die Bauernregel:

Wenn der Himmel gezupfter Wolle gleicht,
das schöne Wetter dem Regen weicht.

Brauchtum:
Bis Ende der fünfziger Jahre dieses Jahrhunderts galt im ländlichen Bereich ab Juli den ganzen Sommer über Tanzverbot. Damit wollte man vor allem Knechte und Mägde von Belustigungen aller Art fernhalten, deren volle Arbeitskraft zum Einbringen der Ernte gefragt war. Das bäuerliche Gesinde musste in den Sommermonaten bereits vor Morgengrauen aufstehen, da die Grasmahd wie die sonstige Feldarbeit teils bereits um 4 Uhr früh begann.

Als überaus heiß sind die Julimonate der Jahre 1911 und 1947 in die Klimageschichte Deutschlands eingegangen und haben damit nicht zuletzt auch die Weinbauern erfreut. Gleich sechsmal wurden Tagesmitteltemperaturen von 25 Grad erreicht.

Doch es kann auch anders gehen, wie ein Beispiel aus dem Jahre 1943 zeigt. Damals fielen, man möcht's kaum glauben, zu Beginn der Hundstage am 23. Juli sage und schreibe 132,5 Liter Regen allein an einem Nachmittag. Zu großer Regen während der Hundstage schadet jedoch der Weinernte, denn:

Was die Hundstage gießen,
muss die Traube büßen.

Phänologie – der Kalender der Natur

Die mittlere Spätkartoffelblüte wird in der Zeit zwischen dem 26. Juni und 5. Juli, die der Winterlinden zwischen dem 5. und 7. Juli erwartet. Die Reife der Wintergerste tritt in der Zeit um den 14. Juli ein, die Winterroggenernte beginnt ab dem 27. Juli.

Blütezeit im Garten

Das Meer der blühenden Pflanzen und Stauden ist im Juli besonders groß. Mit Blüten stellen sich im Juli unter anderem ein: Dahlien, Eisenhut, Fingerhut, Lavendel, Lilien, Margarite, Marienglockenblume, Salbei, Schafgarbe, Schleierkraut, Sommerphlox, Sommeraster, Thymian, Heidekraut, Tamarisken, Trompetenbaum, Mohn und Waldrebe.

Aussaat- und Pflanzkalender

Nachdem die Gemüseernte bereits längst im Gange ist, muss nur da und dort nachgesät werden. Die Vegetationszeit wird durch die hochsommerliche Witterung überaus beschleunigt. Im Juli wächst so manches Gemüse zehnmal schneller als etwa im Herbst, wenn die Tage bereits wieder kürzer geworden sind. Gesät werden müssen der Winterrettich, die Frühmöhren und der Knollenfenchel. Die Vergissmeinnicht und Silenen müssen gesät werden.

Allerlei nützliche Ratschläge für Garten, Haus und Hof

Bereits jetzt heißt es an das nächste Frühjahr zu denken und die reif gewordenen Blumensamen von Aurikeln und Primeln zu sammeln. Die Rosen müssen okuliert werden.

Aus der Erde genommen werden müssen beziehungsweise sollten die Zwiebeln und Knollen von Krokus, Scilla, Schneeglöckchen, Anemonen, Ranunkel und Tulpen. Diese Zwiebeln sollen an einem trockenen, schattigen wie kühlen Ort bis zur Pflanzzeit im Herbst aufgehoben werden.

Geerntet werden können Johannisbeeren, Stachelbeeren, Aprikosen und Pfirsiche. Angesetzt werden kann der Johannisbeerwein.

Entgegen der alten Waldbauernweisheit, dass man Holz nur zu jenen Zeiten schlagen soll, wenn kein Saft mehr in den Stämmen ist, sollen nun Bäume umgesägt werden, deren Holz man zum Bau von Schiffs- und Bootsstegen braucht, denn dieses Holz soll im vollen Saft stehen. Die Stämme und Balken sollen gleich an Ort und Stelle verarbeitet werden.

Volksmedizin

Dass Bienenvölker seit jeher zu Haus und Hof gehörten, hat seinen guten Grund. Nicht nur als Leckerei und Süßungsmittel ist Honig gefragt, sondern auch zur Stärkung der Gesundheit und damit natürlich gleichzeitig zur Abwehr von Krankheiten. Hippokrates (460 –375 v. Chr.) brachte die gesunde Lebensweise auf den schlichten Nenner: „Unsere Nahrung sollte unsere Medizin sein, unsere Medizin unsere Nahrung“. Honig enthält nämlich wichtige Mineralstoffe wie Eisen, Kupfer, Phosphor, Schwefel, Kalium, Natrium, Mangan, Magnesium und zudem reichlich Vitamine.

Vor allem ist Honig gut zur körperlichen Leistungssteigerung. Nicht umsonst hatte der Erstbezwinger des

„Gelee Royal“

Immer mehr genossen wird auch das geheimnisumwitterte Bienenprodukt „Gelee Royal“. Dabei handelt es sich um den Saft von Jungbienen, der ausschließlich für den Genuss durch die Bienenkönigin gedacht ist. Das lässt die Bienenkönigin um ein Vielfaches älter werden als die normalen Bienen. Während diese nur an die 45 Tage alt werden, lebt die Königin dagegen mehrere Jahre. Das „Gelee Royal“, das bei so manchem Imker käuflich zu erwerben ist, wird mit Pollen vermengt eingenommen.

Mount Everest, Edward Hillary, bei seinem Gipfelsturm in seinem Rucksack reichlich Honig mit dabei.

Bauern- und Wetterregeln

1. Juli

Theodorich, Theobald, Oliver, Dietrich, Gallus, Julius

Ein Juli warm und heiß
lohnt alle Müh und allen Schweiß.

Im Juli muss vor Hitze braten,
was im September soll geraten.

2. Juli (Lostag)

Mariä Heimsuchung
Otto, Bernhard, Wiltrud

Brauchtum:
Wenn auch der Tanz nicht erlaubt war, so konnte man auch den Dienstboten das Wallfahrten nicht verbieten. Einer dieser Wallfahrtstage war der „Liebfrauentag", also Mariä Heimsuchung am 2. Juli.

Der Sonntag nach dem Liebfrauentag galt in manchen Gegenden Deutschlands, vor allem in Bayern, als „Ding-Sonntag". An ihm strömten arbeitslose Tagelöhner in jene Gegenden, wo es reichlich Erntearbeit gab. In der Zeit vor dem Zweiten Weltkrieg wurden solche Saisonarbeiter mit etwa 15 bis 20 Mark die Woche bei oft mehr als zwölfstündiger Arbeitszeit pro Tag entlohnt.

Mariä Heimsuchung mit Regen
tut vierzig Tage sich nicht legen.

Wie das Wetter an Maria Heimsuchung,
so wird es vierzig Tage sein.

Wie der Marientag vergeht,
so der Winter vergeht.

Geht übers Gebirg Maria nass,
sechs Wochen tropft's dann ohne Unterlass.

Geht Maria übers Gebirge nass,
bleibt leer Scheune und Fass.

3. Juli

Berta, Bruno, Bernold, Klothilde, Thomas

Nur in der Juliglut
wird Obst und Wein dir gut.

Juni heiß
lohnt Müh und Schweiß.

4. Juli (Lostag)

Ulrich von Augsburg, Bernold, Berta, Bruno, Elisabeth von Portugal

Regen am Ulrichstag
macht die Birnen wurmstichig.

Wenn's am Ulrichstag donnert,
fallen die Nüsse vom Baum.

5. Juli

Antonius, Kyrilla, Maria Zaccaria, Lätizia, Philomena

Wenn's im Juli gibt hohe Ameisenhaufen,
so magst du nach Holz für den Winter laufen.

Wenn im Juli die Ameisen ungewöhnlich tragen,
wollen sie einen frühen und harten Winter ansagen.

6. Juli

Maria Goretti, Dominika, Isaias, Romulus, Mechthild, Maretta, Maria Theresia

Julisonnenschein –
wird die Ernte reichlich sein.

Wie der Juli war,
so wird der nächste Januar.

7. Juli

Willibald von Eichstätt, Edelburga, Bodard, Waltfried

Nur in heißer Juliglut
werden Wein und Obst sehr gut.

Was Juli und August am Wein nicht vermocht,
wird auch vom September nicht gar gekocht.

8. Juli

Kilian von Würzburg, Edgar, Eugen, Hadrian, Luise, Agilof

An Sankt Kilian
säe Rüben und Wicken an.

Kilian, der heilige Mann,
stellt den ersten Schnitt an.

9. Juli

19 heilige Märtyrer; Gottfried, Anatolia, Luise, Wigfrid, Agilolf

Ist der Juli für die Bienen gut,
so brechen die frühen Monate nicht den Mut.

Wenn im Juli die Bienen hoch bauen,
kannst du dich nach Holz und Torf umschauen.

10. Juli (Lostag)

Siebenbrüdertag
Alexander, Engelbert, Amalia, Knud, Erich, Olaf

Wie das Wetter am Siebenbrüdertag,
so hält es fünfzig Tage nach.

Ist Siebenbrüder ein Regentag,
so regnet's noch sieben Wochen danach.

Siebenbrüder Regen
bringt dem Bauern keinen Segen.

Wenn es an Siebenbrüder nicht regnet,
so gibt es eine trockene Ernte.

11. Juli
Benedikt von Nursia, Olga, Oliver, Rachel, Hildulf

Im Juli den Regen entbehren müssen,
das hilft zu kräftigen Kernen in den Nüssen.

Wenn die Pilze vor den Hundstagen wachsen,
so gibt es sauren Wein.

12. Juli
Felix, Placidus, Nabor, Hermagoras, Johannes Gualbert, Ansbald

Was Juli und August nicht kochen taten,
das lässt der September ungebraten.

Ist im Juli das Land reich,
so ist es an Wasser arm.

13. Juli
Mildred, Silas, Bertold, Sara, Joel, Heinrich II.

Ein tüchtig Juligewitter
ist gut für Winzer und Schnitter.

Wenn's im Juli nicht donnert und blitzt,
wenn im Juli der Schnitter nicht schwitzt,
der Juli dem Bauern nicht nützt.

14. Juli
Heinrich, Egon, Goswin, Wando, Kamillus, Markhelm

Nur in der Juliglut
geraten Birn und Äpfel gut.

Heißer Juli verheißt guten Wein.

15. Juli (Lostag)
Tag der Apostelteilung
Gumpert, Vladimir, Answer, David, Donald

Ist es am Tag der Apostelteilung schön,
so kann das Wetter der Sieben Brüder gehn.
(Die Wetterregeln des Sieben-Brüder-Tages sind somit aufgehoben).

Wenn an Apostelteilung der Wind von Mittag weht,
ist dies Jahr große Teuerung;

woher er aber weht,
dort wird alles wohlfeil.

16. Juli
Carmen, Elvira, Irmengard, Reinhild, Monulf, Maria vom Berge

Ein kalter Juliregen
bringt der Rehbrunst keinen Segen.

Die Sonne im Heuert scheint für zwei.

17. Juli (Lostag)
Alexius, Friedrich, Irmgard, Marina, Gabriele, Koloman, Charlotte

Wenn's an Alexius regnet,
wird die Frucht teuer.

Regen an Alexe
wird zur alten Hexe.

Wenn's auf Alexius regnet,
so fault das Getreide auf der Mauer.

18. Juli
Arnold, Arnulf, Answer, Odilia, Radegund, Thietmar

Ist's vor Maria Magdalein *(22. Juli)*
trocken mit wenig Sonnenschein,
so wird das Korn gewichtig sein.

Wenn es im Juli bei Sonnenschein regnet,
man viel giftigem Mehltau begegnet.

19. Juli
Vinzenz, Poppo, Bernulf, Justa, Rufina, Artenus

Sankt Vinzenz Sonnenschein,
das füllt die Fässer mit Wein.

Wenn der Kohl gerät,
verdirbt das Heu.

20. Juli (Lostag)
Margarete, Elias, Bernhard, Léon-Ignace, Gepa, Wulmar

Die erste Birn bringt Margaret,
drauf überall die Ernt angeht.

Bringt Margarete Regen statt Sonnenschein,
kommt die Ernte schlecht herein.

Hat Margrit keinen Sonnenschein,
dann kommt das Heu nicht trocken ein.

Regen auf Margaretentag
wohl viele Wochen dauern mag.

Viel Regen am Margaretentage
ist für die Wiesen eine Plage.

Bringt Margarete Regenzeit,
so verdirbt Most und Nuss weit und breit.

Margarete nass gibt für die Backen
nur hohle Nüsse zu knacken.

Wenn auf Margarete Regen fällt ins Laub,
so fallen die Walnüsse ab,
und die Haselnüsse werden taub.

Gegen Margareten und Jakoben *(25. Juli)*
die stärksten Gewitter toben.

Regnet's an Sankt Elias,
so gibt es viel Mehltau und Läusefraß.

21. Juli
Daniel, Laurentius von Brindisi, Arbogast, Stilla

Julisonnenstrahl
gibt eine gute Rübenzahl.

Macht uns der Juli heiß,
sorgt er im Winter für sehr viel Eis.

22. Juli (Lostag)
Maria Magdalena, Verena, Eberhard, Elvira, Einhardt

Magdalena weint um ihren Herrn,
darum regnet's an diesem Tag gern.

Am Tag der heiligen Magdalena kann man schon volle Nüsse sehen.

23. Juli
Birgitta von Schweden, Liborius

Ist's vor Sankt Jakob *(25. Juli)* schön drei Tag,
so wird das Korn gut geraten;
so 's aber an diesen Tagen regnen wird,
das Erdreich milzig Korn gebiert.

Vor Jakobi schön drei Tag,
das Korn gut geraten mag.

24. Juli
Christophorus, Christine, Gerburg, Luise, Siglind, Ursicin

Wenn im Juli stets wechseln Regen und Sonnenschein,
so wird im nächsten Jahr die Ernte reichlich sein.

Wenn du Frösche hörst mit lautem Knarren,
brauchst du nicht lang auf Regen harren.

25. Juli (Lostag)
Jakobus, Thea, Thomas von Kempten, Godhalm, Meinrich

Vom Jakobstag der Vormittag
das Wetter bis nach Weihnacht deuten mag.

Wenn's schön ist auf Sankt Jakobs Tag,
viel Frucht man sich versprechen mag.

Jakobus in sonnenheller Gestalt
macht uns die Weihnacht rau und kalt.

Bläst Jakobus weiße Wölkchen in die Höh,
sind's Winterblüten zu vielem Schnee.

Regnet's am Jakobitag,
die Eichel nicht geraten mag.

Wenn's zu Jakobi regnet,
ist der Most nicht sehr gesegnet.

Wenn am Jakobitag der Wind geht,
wird's Getreide teuer,
aber den Bäumen ist's eine Freude.

Fällt an Jakobi die Kartoffelblüte vom Kraut,
werden keine guten Knollen gebaut.

Fällt kein Tau im Julius,
Regen man erwarten muss.

Wenn Knecht und Magd mit Jakobus schwitzen,
müssen sie mit Sankt Katharinen *(25. November)* hinterm Ofen sitzen.

26. Juli (Lostag)
Anna, Gloriosa, Joachim, Ratpero, Simeon, Valens

Von Sankt Ann
gehen die kühlen Morgen an.

Brauchtum:
Zu Jakobi werden die ersten Äpfel reif, die man nach dem Namen des heiligen Jakobus „Jakobi-Äpfel" getauft hat. Ebenso wird nach den ersten Frühkartoffeln, den „Jakobi-Erdäpfeln" oder „Jakobi-Kartoffeln", gegraben. Der Jakobustag war einst ein Bauernfeiertag, an dem sich die Bauern und deren Familien Zeit nahmen, um einmal Nachschau auf ihren Almen zu halten, wie dort das Vieh, das der Senner und die Sennerin versorgten, wohl gediehen sein mochten. Beim Gang hinauf ins Gebirge wurden sie zuweilen auch von den Geistlichen begleitet, die an Bildstöcken und Marterln wie Wegkreuzen kleine Andachten hielten.

Anna warm und trocken
lässt den Bauern frohlocken.

Häufelt die Ameise
am Sankt-Annas-Tag,
kommt ein harter Winter danach.

27. Juli

Berthold, Natalia, Lukan, Pantaleon, Magnerich, Glodesind

Gewitter in der Vollmondzeit
verkünden Regen lang und breit.

So golden die Sonne im Juli strahlt,
so golden sich der Roggen mahlt.

28. Juli (Lostag)

Beate, Beatus, Benno, Arnulf, Celsus, Nazarius, Innozenz I.

Was ist an der Agathe,
das weiß Beate.

Nachts Regen, tags Sonne –
füllet Scheuer, Sack und Tonne.

29. Juli (Lostag)

Flora, Florentine, Lucilla, Martha von Bethanien, Ladislaus

Ist Florentine trocken blieben,
schickt sie Raupen in Korn und Rüben.

Schnappt im Juli das Weidevieh nach Luft,
riecht es schon Gewitterluft.

30. Juli

Ingeborg, Beatrix, Batho, Faustinus, Hadebrand, Petrus Chrysologus

Hört der Juli mit Regen auf,
geht leicht ein Teil der Ernte drauf.

Sommers Höhenrausch in Menge,
ist ein Bote von großer Winterstrenge.
(Höhenrausch = Dunstbildung in den Morgenstunden)

31. Juli

Germanus, Hermann, Ignatius von Loyola, Goswin

Wenn die Schwalben Ende Juli schon ziehen,
sie vor baldiger Kälte fliehen.

Gewitter in der Vollmondzeit
verkünden Regen – lang und breit.

Die Hundstage

Wenn in der Nacht zum 23. Juli der Hundsstern Sirius, das ist der hellste Fixstern im Sternbild Großer Hund, aufgeht, zeigt sich das sommerliche Wetter zumeist am beständigsten. Dann sind bis zum 23. August die heißesten Tage eines Sommers, die so genannten Hundstage, zu erwarten.

Wenn die Sonne in den Löwen
(23. Juli) geht,
die größte Hitze alsdann entsteht.

Hundstage hell und klar,
deuten auf ein gutes Jahr;
doch wenn Regen sie bereiten,
folgen nicht die besten Zeiten.

Sind die Hundstage heiß,
bringt das Jahr noch viel an Schweiß.

Der Hundsstern aufgeht mit trübem Glanz,
bringt allzeit gern Pestilenz,
zeigt er sich aber hell und klar,
so ist zu erhoffen ein gutes Jahr.

Wenn mit dem ersten Tage der Hundstage die gelinden Nordwinde zu wehen beginnen, so wehen sie vierzig Tage.

Wenn die Hundstage Regen bereiten,
kommen nicht die besten Zeiten.

August

Erntemonat
Ernting
Ährenmonat

Sonne und Mond

Der Tag nimmt im August um eine Stunde und 46 Minuten ab (MESZ, Kassel, siehe Seite 184).

	Monatsbeginn	Monatsende
Sonnenaufgang	5.47 Uhr	6.34 Uhr
Sonnenuntergang	21.09 Uhr	20.10 Uhr
Mondaufgang	7.13 Uhr	8.47 Uhr
Monduntergang	22.15 Uhr	21.29 Uhr

Der August stellt im altrömischen Kalender, der mit dem März beginnt, den sechsten Monat im Jahr dar. Was ihm seinen heutigen Namen gegeben hat, darüber gibt es zweierlei Versionen. Die einen behaupten, dies sei zu Ehren des Kaisers Octavius Augustus, der Julius Cäsar auf den Thron folgte, geschehen, andere dagegen meinen, dass man diesen Sommermonat nach Augustus benannt habe, der im alten Rom der Göttin Juno Augusta nahe stand und von deren Geist erfüllt war. Sie galt den Römern als Göttin der Fruchtbarkeit und wurde für eine gute Ernte angerufen.

Um den Augustbeginn ranken sich viele Legenden. So galt der 1. August einst als Unglückstag, weil dem Volksglauben nach die Erzengel an diesem Tag den Luzifer vom Himmel aus in die ewige Verdammnis gestürzt haben sollen.

Im althochdeutschen Sprachgebrauch hieß der Monat Aranmanoth, von dem sich schließlich der Name Ernting beziehungsweise Erntemonat ableitet. Dieser Name wurde gewählt, da in diesem Monat die Getreideernte in vollem Gange ist.

Schwendtage im August

Als verworfene Tage gelten der 1., der 17., der 21, der 22. und der 29. August.

Tierkreiszeichen

Der Löwe (Leo) ist als Sternzeichen in

der Zeit vom 23. Juli bis zum 23. August beherrschend. Er wird am 24. August von der Jungfrau (bis zum 23. September) abgelöst.

Das August-Klima

Als Wettervorbote ist der August besonders geheimnisvoll, soll er doch das Herbstwetter voraussagen. Entscheidend ist vor allem die Zeit um den Laurentiustag (Laurenzitag). Ist es also um den 10. August herum ausgesprochen trocken und warm, kann man zu rund 70 %, wenn nicht sogar 80 % Wahrscheinlichkeit mit einem schönen Herbst rechnen.

Doch damit nicht genug. Ein freundlicher August soll zudem auch wetterbestimmend für den folgenden Februar sein, der in einem solchen Falle ebenfalls mild gestimmt sein wird, was den Wetterbeobachtungen nach zu rund 75 % zutreffen soll.

Das Augustwetter bringt in der Regel viele sternenklare Nächte, was auch die Beobachtung der um den Laurenzitag häufigen Sternschnuppen möglich macht. Der August ist auch für lang anhaltende Schönwetterperioden bekannt, die sich oft bis um den 20. August hinziehen. Diese hochsommerliche Zeit wird dann oft wie mit einem Paukenschlag durch heftige Gewitter beendet, was einen ersten Vorgeschmack auf eine beginnende herbstliche Kühle geben kann.

Der August ist somit ein beständiger Schönwetter-Gesell, der gemäß der Wetterdaten der letzten drei Jahrzehnte das mittlere Tagesmaximum zwischen Nord und Süd, also zwischen Meer und Alpen, nur leicht schwanken lässt. Er beschert in Görlitz Temperaturen um die 22,6 °C und in München bei 22,3 °C. Das mittlere Tagesminimum ist zwischen 8,3 °C in Mittelgebirgslagen wie dem Bayerischen Wald oder dem Fichtelgebirge und 12,7 °C in Potsdam festgeschrieben.

Die Zeit bis zum 24. August, in der die Sonne im Tierkreiszeichen des Löwen steht, ist allgemein als die Zeit der **Hundstage** bekannt. Diese Bezeichnung ist auf das Sternbild des Großen Hundes (Canis major) zurückzuführen, dessen 8,8 Lichtjahre von der Erde entfernter Doppelstern Sirius Anfang August jeweils zum Sonnenaufgang am Horizont sichtbar wird.

Die Anzahl der Tage mit Niederschlägen schwankt zwischen 9 (Warnemünde) und 12 (Wasserkuppe). Die Sonne ist deutschlandweit im August zwischen 190 Stunden im Fichtelgebirge und 227 Stunden in Freiburg präsent. Regen fällt an der Ostsee ziemlich wenig (rund 60 mm), während es die Niederschlagswerte in Oberbayern immerhin auf 116 mm bringen können, gewittrige Regengüsse inbegriffen.

Meteorologische August-Rückschau

Den alten Ägyptern zeigte das Erscheinen des Hundssternes (Sirius) die bevorstehende Hochwasserwelle des Nils mit dem Transport fruchtbaren Schlammes an, der für die Landwirtschaft entlang des Nils und im Nildelta von größter Wichtigkeit war. Herrscht Anfang August eine Hochdruckwetterlage mit Kern über Osteuropa, so sind die Hundstage für die dann auftretende extreme Hitze berühmt. Auffallend ist jedoch die Tatsache, dass die heißesten Tage seit der Mitte des vorigen Jahrhunderts nicht mehr Anfang August, sondern meist schon in der Julimitte auftreten. Eine Betrachtung der jährlichen absoluten Maxima der Lufttemperatur im Zeitraum von 1881 bis 1991 für Halle zeigt dies deutlich. So fiel das jährliche absolute Maximum der Lufttemperatur in 24 % aller Fälle auf die zweite Julidekade, während es nur zu 19 % innerhalb der ersten Augustdekade registriert wurde.

Phänologie – der Kalender der Natur

Die Heidekrautblüte tritt jährlich regelmäßig um den 9. August ein; die Haferernte gehen die Bauern und Landwirte zwischen dem 4. und dem 11. August an. Die Fruchtreife der Eberesche ist zwischen dem 12. und 17. August zu erwarten.

Blütezeit im Garten

Der August bringt geradezu ein Feuerwerk des Blühens, so dass an dieser Stelle nur ein paar wenige Vertreter der Augustblüher benannt werden können. Zu ihnen zählen die Vielfalt der Dahlien, Fackellilie, Palmlilie, die Fetthennen, Edelweiß und Enzian, Hauswurz, Sonnenbraut, Sonnenhut und Sonnenauge, Storchenschnabel, Johanniskraut, Knöterich, Rosen und Sommerflieder.

Durch ihren Fruchtschmuck fallen im Garten auf: Beberitzen, Feuerdorn, Felsenmispel, Geißblatt, Perückenstrauch und Eberesche sowie die Zieräpfel.

Aussaat- und Pflanzkalender

Der Herbst naht, deshalb sollten noch schnell die Samen von Feldsalat, Spinat, spätem Rettich, Radieschen, Wirsing und Radicchio unter die Erde gebracht werden.

Gepflanzt werden sollen Erdbeeren, Kohlrabi, Grünkohl und Rhabarber.

Allerlei nützliche Ratschläge für Garten, Haus und Hof

Der Apfel macht den Doktor und Apotheker arbeitslos, besagt ein altes Sprichwort, weshalb man vor allem der Apfelernte im eigenen Obstgarten größte Sorgfalt und Mühe widmen sollte. Eigenes Obst, das weiß man dann gewiss, ist zumeist nicht gespritzt, und wer die Sorten sorgfältig wählt, kommt mit der eigenen Ernte oft bis zum Sommer des folgenden Jahres aus.

Das setzt natürlich voraus, dass man die Äpfel nicht vom Baume schüttelt, sondern von Hand pflückt. Die Fruchtreife ist dann erreicht, wenn sich der Apfel bei einer leichten Drehung vom Stiel löst. Ein Abreißen mit Gewalt schadet dem Fruchtholz und damit der Ernte des kommenden Jahres. Äpfel wie Birnen sollten sorgfältig im Keller gelagert werden, also nicht übereinander, sondern stets in eigenen Lagen. Gut, wenn auch etwas aufwendig, ist die Methode, jede einzelne Frucht in Küchenkrepp einzuwickeln, um damit Druckstellen zu vermeiden und zugleich auch einen Schutz vor einem vorzeitigem Austrocknen zu geben. Wichtig ist in den folgenden Wochen und Monaten auch die ständige Kontrolle, da Früchte mit fauligen Stellen sofort verwertet werden sollten.

Tausendgüldenkraut
Ein Tee aus Tausendgüldenkraut erspart in manchen Fällen den Arzt: Zwei Teelöffel von Tausendgüldenkraut werden mit kaltem Wasser übergossen. Den Sud lässt man drei bis fünf Stunden ziehen, bevor man ihn abseiht und zu Tee erwärmt. Auch Menschen, denen das Essen oft „wie ein Stein im Magen liegen bleibt“, kann ein solcher Tee helfen.

Heilkräuter aus dem eigenen Garten haben schon so manches Leid gemildert.

Volksmedizin

Gerade am 15. August, der im Volksmund auch „Kräutlfrauentag“ genannt wird, erinnert man sich in ländlichen Gegenden gerne an die Medikamente von einst, also die heilenden Kräutern aus Gottes freier Natur. Dazu zählt auch das Tausendgüldenkraut, das seit altersher als Appetitzügler bekannt ist. Viele Suppenkasper hat es schon geheilt und das völlig ohne Nebenwirkungen.

Bauern- und Wetterregeln

1. August (Lostag)
Petri Kettenfeier
Petrus Faber, Ulrich, Caritas, Fides, Alfons von Liguori

Regent dat up Petri Kett,
dann regent de ganze Arnt *(Ernte)*
in Dreck.

Ist’s Petrus bis Laurentius *(10. August)*
heiß,
dann bleibt der Winter lange heiß.

2. August
Eusebius, Maria, Gundekar II., Gustav, Maximus, Stephan I.

Ist’s in der ersten Augustwoche heiß,
bleibt der Winter lange weiß.

Viel Staub im August
macht dem Vieh kranke Brust.

3. August
Benno, Lydia, Ida, Burchard

Im August reift die Beere
und der September nimmt sich die Ehre!

Fängt August mit Hitze an,
bleibt sehr lang die Schlittenbahn.

Wenn im August viele Goldkäfer laufen,
braucht der Wirt den Wein nicht zu taufen.

4. August (Lostag)
Dominikus, Johannes Maria Viamey, Sigrid, Rainer, Justinus

Hitze an Sankt Dominikus,
ein strenger Winter kommen muss.

Je mehr der heilige Dominikus schürt,
desto ärger im Winter man friert.

5. August (Lostag)
Kirchweih St. Marien in Rom
Mariä Schnee, Oswald, Alfred, Isolde, Abel

Regen an Mariä Schnee
tut dem Korn tüchtig weh.

Wenn's an Oswald regnet,
wird teuer das Getreid,
und wären alle Berge
aus Mehl bereit'.

6. August
Verklärung Christi
Adelheid, Gilbert, Hermann, Gezelin

Der Tau ist dem August so Not,
wie jedermann sein täglich Brot.

7. August
Kajetan, Juliana, Donatus, Afra, Konrad, Nantwin, Sixtus II.

Nach dem ersten Augustregen
pflegt meist die Hitze sich zu legen.

Ist's im August recht hell und heiß,
so lacht der Bauer im vollen Schweiß.

8. August
Hilger, Famian, Cyriakus, Rathard, Largus

Je dicker die Regentropfen im August,
je dünner wird der Most.

Im August viel Regen
ist dem Wein kein Segen.

9. August
Edith, Altmann von Paderborn, Romanus, Firmus

Wenn's im August ohne Regen abgeht,
das Pferd vor leerer Krippe steht.

10. August (Lostag)
Laurentius, Amadeus, Amalie, Astrid, Asta, Edelwein, Paula

Sollen Trauben und Obst sich mehren,
dürften mit Laurenz die Gewitter aufhören.

Wie Lorenz und Barthel *(24. August)* sind,
wird der Herbst –
sei es rau,
sei es gelind.

Freundlicher Barthel und Lorenz
machen dem Herbst zum Lenz.

Lorenz und Barthel schön,
wird der Herbst auch gut ausgehn.

Ist der Lorenz gut und fein,
wird es auch die Traube sein.

Brauchtum:
Alljährlich gibt es am und um den Laurenzitag besonders viele Sternschnuppen am Himmel zu beobachten. Vor allem Liebende wünschen sich beim Anblick von Sternschnuppen viel für ihre Zukunft, was auch dank der Fürsprache des heiligen Laurentius in Erfüllung gehen soll.
Eine alte Waldbauern-Weisheit besagt, dass das Holz nach dem Laurenzitag sein Wachstum verringert beziehungsweise einstellt.

Regnet's am Sankt-Laurenz-Tag,
gibt es große Mäuseplag.

Wenn's am Laurenzitag regnet,
so gibt es schlechtes Schaf- und Bienenfutter.

Schlechten Wein gibt's heuer,
wenn Sankt Lorenz ohne Feuer.

Sankt Lorenz kommt in finsterer Nacht
ganz sicher mit Sternschnuppenpracht.

Sankt Lorenz ist ein braver Mann,
er hängt dem Hopfen ein Häuptel an.

11. August
Klara, Nikolaus von Kues, Susanna, Justinus, Gerhard

Wittert es viel im August,
du nassen Winter erwarten musst.

Wenn die Ameisen im August sich verkriechen,
werden wir Regen kriegen.

12. August
Karl, Johannes, Noting von Konstanz, Radegund

Es pflegt im August beim ersten Regen
die große Hitze sich zu legen.
Der August ist des Winters Anfang.

13. August (Lostag)
Kassian, Hippolyt, Gerold, Gertrud, Wigbert, Rudolf

Wie das Wetter an Kassian,
hält es viele Tage lang.

Wie das Wetter an Hippolyt,
so es mehrere Tage geschieht.

14. August
Eberhard von Einsiedeln, Maximilian Kolbe, Eusebius

Wenn der Kuckuck im August noch schreit,
gibt's im Winter teuere Zeit.

15. August (Lostag)
Mariä Himmelfahrt
Mechthild von Magdeburg, Johann, Adam

Hat unsere Frau gut Wetter, wenn sie zum Himmel fährt,
sie uns schöne Tag beschert.

Wie das Wetter am Himmelfahrtstag,
so der ganze Herbst sein mag.

Scheint an Mariä Himmelfahrt
die Sonne helle nach ihrer Art,

Brauchtum:
Am 1. November 1950 verkündete Papst Pius XII. ein Dogma, das die altüberlieferte Meinung, Maria sei als einziger Mensch außer Christus mit Leib und Seele in den Himmel aufgenommen worden, zum Glaubenssatz machte. Das bedeutete zugleich eine klare theologische Aufwertung des Festes Mariä Himmelfahrt. Eingeführt wurde dieser Festtag bereits 813 als Marias Todestag und damit als „Hoher Frauentag".

Brauchtum:
Von alters her geht man an Maria Himmelfahrt in die Kirche, um Kräuter- und Gewürzbüschel oder Wetterkränze weihen zu lassen. Diese geheimnisvollen Heilkräuter sollen dann, werden sie in den Häusern aufbewahrt, ein Jahr lang in Haus, Hof und Stall vor Krankheiten schützen. Dabei ist es ganz gleich, ob 7, 9, 17, 33 oder gar 77 Kräuter zu einem Büschel gebunden und anschließend in der Kirche geweiht werden.

In die Mitte des Büschels gehören als wichtigste Heilkräuter die Königskerze, Rainfarn, Johanniskraut, Baldrian, Holunder, Kamille, Schafgarbe, Tausendgüldenkraut, Ringelblume und Melisse. Doch auch Hafer, Roggen, Gerste und Weizen sieht man in vielen Sträußen am „Kräutlfrauentag“, wie Maria Himmelfahrt im Volksmund auch heißt.

so freuen sich des Winzers Reben,
um einen guten Trunk zu geben.

Um Mariä Himmelfahrt, das wisse,
gibt's die ersten Nüsse.

16. August (Lostag)
Stephan von Ungarn, Christian, Rochus, Theodor, Leo

Wenn Sankt Rochus trübe schaut,
kommt die Raupe in das Kraut.

Im August Wind aus Nord
jagt Unbeständigkeit fort.

17. August
Jutta von Arnstein, Jeron, Karlmann, Emilie, Jutta

Ein trockener August
ist des Bauern Lust.

Was August nicht vermocht,
kein September mehr kocht.

18. August
Helene, Klaudia, Perfektus, Agapitus, Olga, Wigbert

Singen die Buchfinken früh vor
Sonnenaufgang,
künden sie viel Regen an.

Weht im August der Wind aus
Nord,ziehen die Schwalben noch lange
nicht fort.

19. August (Lostag)
Sebald, Reginlind, Bertulf, Johannes Eudes, Magnus, Julius

Regnet es an Sankt Sebald,
nahet teure Zeit sehr bald.

Ein kurzer Regen im August,
das ist für den Wald Erquickungslust.

Wenn's Ende August stark regnen tut,
wird der Herbst oft doch noch gut.

20. August
Oswin, Ronald, Pius X., Hugo von Tennenbach

Weht Augustwind aus dem Nord,
hält das Wetter dauernd an;
Ziehn die Störche jetzt schon fort,
rückt der Winter bald heran.

Nordwind im Augustmond
mit trockenem Wetter lohnt.

21. August
Adolf, Balduin, Gratia, Herbert, Samuel, Burghard

Viel Staub im August
macht dem Vieh kranke Brust.

Viel Hopfen in diesem Jahr –
viel Roggen im nächsten Jahr.

22. August

Regina, Sigfrid, Maria Königin, Sigrid, Philibert

Siehst' die Katze gähnend liegen,
weiß', dass wir Gewitter kriegen.

Ein kühler August nach einem heißen Juli verkündet einen harten,
ein trockener August einen schnee-reichen Winter.

23. August

Rosa von Lima, Zachäus, Ascelina, Richild, Philippus Benitus

Wenn großblumig wir viele Disteln erblicken,
will Gott gar guten Herbst uns schicken.

Wie der August
so der nächste Februar.

24. August (Lostag)

Bartholomäus, Rosa, Sandrad, Ansoalda, Amadeus, Dietrich

Wie sich an Bartholomäus das Wetter verhält,
so ist der ganze Herbst bestellt.

Regnet es zu Bartholomäi,
so wird der Herbst trocken
und werden die Kartoffel gut geraten.

Liegt Reif um Bartholomäi offen,
so ist ein warmer Herbst zu hoffen.

Regen an Sankt Bartholomä,
tut den Trauben weh.
Bleiben die Störche noch nach Bartholomä,
so kommt ein Winter, der tut nicht weh.

Gewitter an Bartholomäus zeigen
einen unbeständigen Herbst an.

Der Bartholomäimann,
der hängt dem Hopfen
die Trollen an.

25. August

Christoph, Gregor, Patricia, Wichmann, Ludwig IX. von Frankreich

Reifen die Früchte spät,
so erwarte man einen warmen und freundlichen Herbst.

Wenn Mauerschwalbe und der Kuckuck bald wegziehen,
ist ein früher Winter zu erwarten.

Brauchtum

Die Ernte ist am 24. August, dem Tag des heiligen Bartholomäus, so ziemlich unter Dach und Fach. Der Schriftsteller Peter Rosegger hat diesen Tag geradezu elegisch betrachtet, als er schrieb: „Ist ein guter Mann, der heilige Bartholomä. Die unausstehlich langen Tage zwickt er ein wenig ab und legt das abgezwickte Stück der Nacht zu. Das taugt den Leuten, die sich ihre harten Arbeitsstunden von der Sonne müssen vorschreiben lassen und nicht von der Uhr. Zu Bartholomä sind die Flitterwochen der Sonne mit der Erde zur Neige, ihre glühende Liebe hat ausgebrannt, das Verhältnis wird ein kühleres. Es naht die kalte, trübe winterliche Zeit. Aber das Kornfeld bleibt an diesem ersten Herbsttag vereinsamt. ‚Sichel zu Bartholomä tut dem Mehlsack weh', sagt der Bauer und nimmt sich wieder einen doppelten Zug aus der Pfeife und lässt das Korn auf dem Felde, wie es Gott erschaffen hat, und hält zu Bartholomä Feiertag mit seinem Gesinde."

26. August
Gregor von Utrecht, Genesius, Ebba, Egbert, Johannes von Ulm

Wo im August ein Huhn in einem
Weinberg gescharrt hat,
da sieht man's im Herbste.

Die Nächte kühl,
die Tage schwül,
so wird des Erntesegens viel.

27. August
Cäsarius, Gebhard, Monika, Rufus, Margarita, Amandus, Guarin

August ohne Feuer
macht das Brot teuer.

Wird Bacchus mit Trauben geziert? Das Augustwetter ist für deren Reife bestimmend.

Macht der August uns heiß,
bringt der Winter viel Eis.

28. August (Lostag)
Augustin, Elmar, Adelinde, Hermes, Pelagius

Um Augustin
ziehn die Wetter *(Gewitter)* hin.

Um die Zeit von Augustin
ziehen die warmen Tage hin.

29. August (Lostag)
Johannis Enthauptung
Verena, Sabina, Theodora, Beatrix

Regen an Johannis Enthauptung
verdirbt alle Nüsse.

Am Augusto die zween letzten Tag
und ersten zween September betracht;
dann so die schön und fein gespürt,
wird Bacchus mit Trauben geziert.

30. August
Felix, Heribert, Rebekka, Ingoberg, Adelphus, Ritza

Im August blüht der Schnee für den
nächsten Winter,
wenn man viele weiße Wolken am
Himmel sieht.

Im August der Morgenregen
wird vor Mittag sich nicht legen.

31. August (Losttag)
Raimund, Paulinus, Kolumba, Wala, Isabella, Amatus

Sankt Raimund treibt die Wetter aus.

Wenn's im August nicht regnet,
mit viel Schnee uns der Winter segnet.

Ist der August für die Bienen gut,
so bricht auch September nicht an Mut.

September

Herbstmonat
Scheiding
Hirbest
Hiagscht
Herbsting
Holzmonat

Sonne und Mond

Der Tag nimmt im September um eine Stunde und 52 Minuten ab (MESZ, Kassel, siehe Seite 184).

	Monatsbeginn	Monatsende
Sonnenaufgang	6.35 Uhr	7.21 Uhr
Sonnenuntergang	20.08 Uhr	19.02 Uhr
Mondaufgang	10.04 Uhr	10.10 Uhr
Monduntergang	21.51 Uhr	20.37 Uhr

Nachdem das alte römische Kalenderjahr erst mit dem März eingeläutet wurde, galt der September als der siebte Monat im Jahr. Davon leitet sich schließlich der Name September (lateinisch „septem“ = sieben) ab. In den Alpenländern wird der September vielfach auch heute noch „Einwärts“ genannt – im Gegensatz zum landläufigen Namen „Auswärts“ für den Frühling.

Im bäuerlichen Jahr gilt der September als der große Dankmonat. Daran wird auch heute noch mit Erntedankfesten und Erntedankprozessionen oder mit Erntekronen, die aus Strohgarben geflochten werden, festgehalten. In alten Kalendern ist auch die Bezeichnung Engelmonat zu finden, da am 29. September das Fest der Erzengel Michael, Gabriel und Raphael gefeiert wird.

In der Poesie des Volksmunds gilt der September als der Mai des Herbstes und als Frühling des Jägers. In diesen Monat fällt der Jagdaufgang für das Haar- und Federwild, also für Hasen, Fasane und Rebhühner.

Schwendtage im September

Verworfene Tage sind alle zwischen dem 21. und dem 28. September.

Tierkreiszeichen

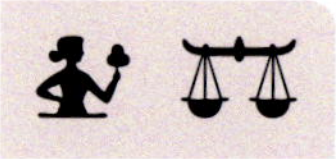

Für den September dominant ist das Sternzeichen der Jungfrau (Virgo) vom 24. August bis 23. September. Abgelöst wird dieses Sternzeichen am 24. September von der Waage (Libra) bis 23. Oktober.

Das September-Klima

Das Wetterbild im September zeigt sich mit einem zweiseitigen Gesicht. Nach einem vielleicht verregneten Sommer kann es nördlich der Alpen eine Reihe sonniger und milder Tage geben, ja sogar zu lang anhaltenden Trockenperioden kommen, die bis zu 45 Tage dauern können. Gefeit ist man dagegen im September auch vor Regen nicht, der bis zu sechs Tage anhalten kann. Doch die Jahre mit einem schönen September überwiegen bei weitem. In der Regel ist im September nur mit rund 8 % des gesamten Jahresniederschlags zu rechnen.

Die Temperaturen bewegen sich im mittleren Tagesmaximum zwischen 17 °C (Schleswig) und 21 °C (Freiburg), das mittlere Tagesminimum zwischen 7,2 °C (Wasserkuppe) und 11 °C (Warnemünde).

Die Sonnenscheindauer variiert zwischen 178,7 Stunden (Freiburg), 172 Stunden (München), 161,3 Stunden (Potsdam), 153,6 Stunden (Görlitz) und 134,5 Stunden (Essen).

Die Niederschlagsmengen im September bewegen sich zwischen 52,1 mm (Görlitz), 54 mm (Warnemünde), 78,7 mm (München) und 86,3 mm (Schleswig).

Vor allem die letzte Septemberdekade hat oft das Schönwetter mit langanhaltenden Hochdruckwetterlagen über Mitteleuropa gepachtet. Diesen Schönwetterperioden wird mit Kosenamen wie „Brigittensommer“ in Schweden, „Wenzelsommer“ in Böhmen (Tschechien), „Witwensömmerli“ in der Schweiz und „Theresiensommer“ in Frankreich sowie „Indian Summer“ in den USA und Kanada geschmeichelt. Bei uns wird diese Periode allgemein auch als **„Altweibersommer“** bezeichnet (siehe auch Seite 43 und 47).

Vom Frost bleibt man im September noch größtenteils verschont, wenn auch in Mittelgebirgsgegenden die Quecksilbersäule schon einmal unter 0 °C sinken kann.

Phänologie – der Kalender der Natur

In Freising und Würzburg als beispielhafte Standorte im süddeutschen Raum blühen beziehungsweise reifen die Früchte mancher Pflanzen im Mittel der Jahre an festen Tagen. Auch der Tag für die Feldbestellung hat sich im Lauf der Jahre an diesen beiden Orten jeweils zu einem unterschiedlichen Termin als am erfolgreichsten herausgestellt (siehe Kasten).

Meteorologische September-Rückschau

Eine alte Wettererfahrung besagt, dass oft erst im September der Herzschlag des Sommers und Herbstes noch einmal so richtig zu spüren ist. Doch diese Weisheit kann die Zugvögel keinesfalls darüber hinweg täuschen, dass nun die Zeit zum Abflug in den Süden gekommen ist, denn: *„Zu Maria Geburt (8. September) ziehen die Schwalben fort“*. In den letzten Jahren war zu beobachten, dass sich die Hausschwalben bereits in der ersten Septemberdekade zum Abflug gesammelt haben; als Abflugsdatum im langjährigen Mittel gilt jedoch der 15. September.

	Freising-Weihenstephan	Würzburg-Stein
Herbstzeitlosenblüte	1. September	7. September
Schwarze-Holunder-Früchte	7. September	7. September
Rosskastanienfrüche	21. September	22. September
Feldbestellung für Wintergerste	23. September	6. September

Um den Micheli-Tag (29. September) herum kann der oft letzten Wärme des Herbstes ein jähes Ende bereitet werden, wenn der Wind aus Norden oder Osten bläst, denn *„Michael mit Nord und Ost, deutet auf 'nen scharfen Frost“*. In einer Chronik aus dem Jahre 1392 ist festgehalten: „21. bis 29. September: starker Reif und Frost, die Trauben frieren so hart, dass sie mit eisernem Stössel zerquetscht werden müssen“.

Von blühenden Bäumen im Herbst

Es kann zuweilen vorkommen, dass man in einem warmen September an einem Apfelbaum neben reifenden Äpfeln auch einige Blüten sehen kann. Fachleute sehen in einem solchen Phänomen ein Alarmsignal dafür, dass der Baum sich über seinen schlechten Standort beklagt. Zuweilen kann der Boden zu trocken sein oder die Wurzeln stecken in einer Kiesschicht und sind dadurch nicht mit ausreichend Wasser versorgt. Die so gefährdete Pflanze versucht sich noch einmal zu vermehren, indem sie im Herbst eine zweite Blüte entwickelt. Abzuhelfen ist einer solchen Erscheinung dadurch, dass man die Pflanze mit reichlich Nährstoffen und genügend Wasser versorgt. Wenn der Baum noch klein ist, empfiehlt es sich, ihn an einen besseren Standort zu versetzen.

Blühbeginn im Garten

Im Garten blühen Herbstastern, Sonnenhut, Eisenhut, Silberkerze, Fetthenne, Dahlie, Fackellilie und Gladiolen sowie Goldrute, Herbstmargarite, Sonnenblumen, Fingerstrauch, Heidekräuter und der Herbstenzian.

Aussaat- und Pflanzkalender

Gesät werden sollten möglichst zum Monatsbeginn: Schnittkohl, Wintersalat, Winterrettich und gelbe Rüben. Zum Überwintern unter Glas eignet sich die Aussaat von Blumenkohl, Wirsing, Schalotten und Perlzwiebeln.

Unter die Erde gebracht werden die Blumenzwiebeln von Märzenbecher, Krokussen, Narzissen, Hyazinthen, Winterling, Schneeglöckchen und Tulpen.

Geplanzt werden sollten jetzt die Stecklinge von Topfgewächsen, zum Beispiel Geranien.

Pflanzzeit ist auch für Nadelhölzer, Immergrüne, Blütenstauden und Zweijahrespflanzen.

Allerlei nützliche Ratschläge für Garten, Haus und Hof

Wichtig ist bei trockenem Wetter das Sammeln von Blumensamen. Die Beerensträucher sollen ausgelichtet, die alten Triebe direkt am Wurzelstock entfernt werden. Da in einigen Gegenden die Hecken nur zu bestimmten Zeiten geschnitten werden dürfen, sollte man sich jetzt vor dem Winter noch darum kümmern. Zwischen Mai und Juli ist diese Arbeit ungünstig, da in dieser Zeit die Vögel brüten und bei Jungvögeln Lärm und Beunruhigungen häufig zum Tod führen.

Volksmedizin

Vor dem endgültigen Beginn der schon wieder etwas dunkleren Jahreszeit kann eine Johanniskrautkur gut tun. In einem alten Kräuterbuch wird auf die Lehre von Paracelsus verwiesen und dessen Ratschlag wiedergegeben: „Bist Du immer traurig, hast Du oft Angst, es könnte etwas Schlimmes passieren, und plagen Dich in der Nacht ängstliche Gedanken, kannst Du Dich nicht mehr freuen und magst Du zu niemandem gehen, um mit ihm zu sprechen, dann brauchst Du das Johanniskraut ganz nötig. Aber das echte muss es sein, das mit den gelben Blüten, die rot werden, wenn Du sie zwischen den Fingern zerreibst, weshalb es auch Jesu-Wunden-Kraut genannt wird. Daraus koche Dir dann einen Tee; und den trinke, so oft Du kannst. Es wird einige Zeit vergehen, doch dann kannst Du dich wieder freuen, kannst heiter sein, gut schlafen vom Abend bis in den frühen Morgen."

Beim Sammeln von Johanniskraut werden die oberen Blütenstände abgeschnitten, zu Büscheln zusammengebunden und anschließend an einem schattigen, aber luftigen Ort möglichst im Freien getrocknet. Mit diesem Kraut können auch Schlafkissen gefüllt werden, die gegen Schlaflosigkeit helfen sollen.

Johanniskraut-Tee

Für drei Tassen Johanniskraut-Tee benötigt man zwei gehäufte Teelöffel Johanniskraut, die mit einem viertel Liter Wasser übergossen werden. Den Tee zehn Minuten ziehen lassen. Während der Johanniskrautkur soll man das pralle Sonnenlicht wie auch Höhensonnen und Solarien meiden.

Bauern- und Wetterregeln

1. September (Lostag)
Ägidius, Verena, Alois, Ruth, Pelagius, Barbara

Wie's ist an St. Ägidius,
vier Wochen das Wetter bleiben muss.

Ist der erste hübsch und rein,
wird's der ganze Monat sein.

Wie Ägid sich stellet ein,
dreißig Tag dir bilde ein,
ist es dann ein guter Tag,
ein schöner Herbst nachfolgen mag.

Regen am Ägidtag gibt nassen Herbst.

Wie der Hirsch in die Brunft tritt zu Ägide,
so tritt er wieder heraus zu Michael *(29. September)*.

2. September

Ingrid, Stefan, Apollinaris

Blühn die Disteln reich und voll,
ein schöner Herbst dir blühen soll.

Werden die Blätter früh welk und krumm,
so sieh dich nach deinem Ofen um.

3. September

Gregor der Große, Sophie, Degenhard, Remaklus, Otto

Der September ist der Mai des Herbstes,
der Frühling für den Jäger.

Durch Septembers heiteren Blick
schaut nochmals der Mai zurück.

4. September

Rosalia, Irmgard von Aspel, Iris, Ida von Herzfeld, Remaklus

Wie im September tritt der Neumond ein,
so wird das Wetter den Herbst durch sein.

Wie's in der ersten Hälfte des Septembers
soll's meistens das ganze Jahr bleiben.

5. September

Bertin, Justinian, Roswitha, Maria von den Aposteln

Septemberanfang mit feinem Regen
kommt allzeit dem Bauern gelegen.
Soll September den Bauern erfreuen,
so muss er gleich dem März sein.

6. September

Magnus, Alexius, Gundolf, Theobald, Zachäus, Eskil

Wie das Wetter am Magnustag,
so es vier Wochen bleiben mag.

Septembersonne gibt eine dicke Mahd.

7. September

Judith, Regina, Dietrich, Tilbert, Ralph, Gundolf

Ist Regina warm und sonnig,
bleibt das Wetter lange sonnig.

Ist der Anfang des Herbstes klar,
so folgt ein windiger Winter.

8. September (Lostag)

Mariä Geburt
Korbinian, Sergius I., Hadrian, Alan

Mariä Geburt
jagt alle Schwalben furt;
bleiben sie noch da,
ist der Winter nicht nah.

Wird Mariä Geburt gesät,
ist nicht zu früh und nicht zu spät.

Wie sich's Wetter an Mariä Geburt tut halten,
so wird es sich noch vier Wochen gestalten.

Kommen die Raupen zu Mariä Geburt in den Kohl,
so sterben sie gleich nachher wie toll.

Nach Mariä Geburtstag
der Sämann nicht mehr warten mag.

9. September (Lostag)

Otmar, Orthold, Georgonius, Gorgon, Petrus Claver

Bringt Sankt Gorgon Regen,
folgt ein Herbst mit wenig Segen.

Sankt Gorgon
treibt die Lärche davon.

Regnet's es an Sankt-Gorgons-Tag,
geht die Ernte verloren bis auf den Sack.

Regnet's es an Sankt Gorgon,
wird der Oktober zum Dämon.

10. September
Nikolaus von Tolentino, Theodard, Diethard, Edgar, Pulcheria

Soll der September
den Gärtner freun,
muss er wie ein Maien sein.

Wenn der September noch donnern kann,
setzen die Bäume viele Blüten an.

11. September (Lostag)
Aldemar, Protus, Ludwig von Thüringen, Willibert, Felix

Wenn's an Protus nicht nässt,
ein dürrer Herbst sich erwarten lässt.

Bischof Felix zeigt an,
was wir in vierzig Tage für Wetter han.

Septemberregen –
dem Bauern Segen,
dem Winzer Gift,
wenn er ihn trifft.

Geht der Hirsch nass in die Brunft,
so kommt er trocken heraus.

12. September
Degenhard, Gerfried, Guido, Mariä Namen, Silvian, Syrus

Septembergewitter sind
Vorboten von Sturm und Wind.

Wenn im September noch Donnerwetter aufsteigen,
so soll's ein fruchtbares Jahr anzeigen.

13. September
Tobias, Notburga von Tirol, Amatus, Ligarius

Tritt im September viel Donner ein,
wird Februar und März sehr schneereich sein.

Frische Septemberluft
den Jäger zum Jagen ruft.

14. September (Lostag)
Fest der Kreuzauffindung (-erhöhung) Kornelius, Johannes Chrysotomus

Ist's hell am Kreuzerhöhungstag,
dann folgt ein strenger Winter nach.

Ist der September lind,
ist der Winter ein Kind.

Kühle Nächte bringen sauren Wein,
aber die gesund sein;
warme Nächte bringen süßen Wein,
aber die ungesund sein.

15. September (Lostag)
Schmerzen Mariä
Ludmilla, Dolorosa, Roland, Melissa

Sankt Ludmilla, das fromme Kind,
bringt gerne Regen und Wind.

Wird das Obst sehr langsam reif,
gibt's im Winter statt Eis nur Reif.

16. September
Cyprian, Edith, Julia, Martin I., Imelda, Hartward

Fällt das Laub recht bald,
wird der Herbst nicht alt.

Wenn die Ebereschen viel Früchte tragen,
sind die Kartoffeln auch gut geraten.

Viel Korn –
wenig Kartoffeln.

17. September (Lostag)
Lambert, Ariadne, Hildegard von Bingen, Raso, Baduard

Auf St. Lambert hell und klar
folget oft ein trocknes Jahr.

Ist Lambertus trocken zu sehn,
so kann man in jeden Krötenpfuhl Roggen säen.

Lamberti, nimm Kartoffeln heraus,
doch breite ihr Kraut
auf dem Felde aus;
der Boden will für seine Gaben
doch ihr Gerippe wieder haben.

18. September
Richardis, Sophie, Titus, Lambert

Sitzen die Birnen fest am Stiel,
bringt der Winter Kälte viel.

Späte Rosen im Garten, schöner Herbst –
und der Winter lässt warten.

19. September
Albert, Igor, Festus, Arnulf

Was Juli und August nicht taten,
lässt der September ungebraten.

Viel Nebel im September
über Tal und Höh
bringen im Winter tiefen Schnee.

20. September
Eustachius, Philippa, Susanna, Traugott

Das September-Wetter entspricht dem Mai-Wetter,
so wie das im Juni dem im Dezember.

Septemberregen –
für die Saat ein Segen.

21. September (Lostag)
Matthäus der Ältere, Jonas, Debora, Wulftrud, Maura

Hat Matthäus schön Wetter im Haus,
so hält es noch vier Wochen aus.

Wie's Matthäus treibt,
es vier Wochen bleibt.

Matthäus macht Tag und Nacht gleich.

Tritt Matthäus ein,
muss die Saat beendet sein.

Matthäus packt die Birnen ein.

Matthäiwetter hell und klar
bringt guten Wein im andern Jahr.

Tritt Matthäus stürmisch ein,
wird's bis Ostern Winter sein.

22. September
(Lostag)
Moritz, Mauritius, Otto, Emmeram, Heimeran, Gunthild

Es stürmt der Winter, das ist wahr,
ist's an St. Moritz hell und klar.

Ist Mauritius hell und klar,
werden bald die Füchse rar.

Wenn an Mauritius das Wetter klar,
toben viel Stürme im nächsten Jahr.

23. September
Herbstanfang
Emmeran, Linus, Heimeran, Ladelin

Septemberwärme nur dann und wann
zeigt einen harten Winter an.

Im September Wässerung
ist der Wiesen Besserung.

24. September
Hermann, Gerhard, Rupert von Salzburg, Virgil

Viele Schwammerl im Herbst künden
einen strengen Winter an.

Wenn die Bäume zweimal blühn,
kann sich der Winter lang hinziehn.

25. September (Lostag)
Kleophas, Nikolaus von der Flüe, Wigger, Gottfried, Firmin

Regnet's und nebelt's an St. Kleophas,
so wird der ganze Winter nass.

Wenn die Grille im September singt,
so wird das Korn billig.

26. September
Daminian, Eugenia, Kaspar, Kosmas, Cyprianus, Elzear

Kosmas und Daminian
zünden die Lichter an.

Wenn im September viele Spinnen kriechen,
sie einen harten Winter riechen.

27. September
Vinzenz von Paul, Hiltrud, Dietrich I., Gotthelf, Florentinus

Im September viel Schleh –
im Winter viel Schnee.

September warm –
Oktober kalt.

28. September
Erhard, Wenzel, Adelrich, Gislar, Thekla von Kitzingen, Thiemo

Viel Eicheln im September –
viel Schnee im Dezember.

Fallen die Eicheln bereits vor Michaelis *(29. September)* ab,
geht's mit der Wärme schnell bergab.

29. September (Lostag)
Michael, Gabriel, Raphael, Ludwin, Grimoald, Adelrich

Zu Michaelis Wind aus Nord und Ost
deutet auf 'nen scharfen Frost.
Auf nassen Michelitag
nasser Herbst folgen mag.

Sind die Zugvögel noch Michaelis hier,
haben bis Weihnacht lind Wetter wir.

Stehn zu Michael die Fische hoch,
kommt viel schönes Wetter noch.

Nässt der Erzengel Michael die Flügel an,
werden wir Regen bis Weihnacht han.

Kommt Michael heiter und schön,
so wird es noch vier Wochen so gehn.

Kommt Sankt Michael im Regen,
kann man im Winter den Pelz anlegen.

Trockener Michael – trockenes Frühjahr.

Ist die Nacht vor Michael hell,
kommt ein starker Winter zur Stell.
Wenn die Vögel um Michaelis noch nicht ziehen,
so wird an Weihnacht kein starke Kälte sprühen.

Ziehn die Vögel vor Michael,
blickt von fern der Winter scheel.

Brauchtum:
Der Michelitag galt einst in ländlichen Gegenden als ein viel gefeierter Bauernfeiertag. Ab dem Jahre 1800 wurde er jedoch auf einen halben Tag beschränkt, das heißt, dass vormittags Kirche und Wirtshaus besucht wurden, nachmittags aber wieder zu den Feldern aufgebrochen wurde.

Einer frommen Legende nach gilt Sankt Michael als ein Begleiter der verstorbenen Seelen vor Gottes Gericht. Er wird deshalb oft mit der Seelenwaage in der Hand abgebildet. Den Dienstboten wurde an diesem Tag, an dem die Spinnräder vom Dachboden geholt wurden, ein „Lichtbradl" (Lichterbraten), also eine Fleischspeise, serviert.

Kalter September und arm an Regen
gereicht den Saaten nicht zum Segen.

Willst du aufs Wetter im Jahre achten,
musst im Herbstmond die Eichäpfel betrachten:
Haben sie Maden, wird's Jahr wohl geraten;
haben sie Fliegen, wirst ein Mitteljahr kriegen;
haben sie Spinnen, wird ein schlechtes Jahr beginnen;
sind sie innerlich schön und trocken,
wächst im Sommer viel Weizen und Roggen;
aber, wenn sie nass befunden,
tun sie auch nassen Sommer erkunden;
sind die Eichäpfel viel und früh,
bringt der Winter große Kält, Schnee und Müh.

30. September

Agape, Hieronymus, Urs, Viktor, Caritas, Sophie

Wenn der Wind über Haferstoppeln weht,
der Sommer seine Wege geht.

Brauchtum:
Der 30. September gilt in den Alpen wie auch in den Mittelgebirgsgegenden als Datum für den Almabtrieb. Die Rinder werden dafür festlich geschmückt, und auch Senn und Sennerin zeigen sich in ihren traditionellen Festtagsgewändern.

Oktober

Weinmonat
Gilbhart
Windumemanoth
Winmanot

Sonne und Mond

Der Tag nimmt im Oktober um zwei Stunden und 12 Minuten ab (MEZ, Kassel, siehe Seite 184).

	Monatsbeginn	Monatsende
Sonnenaufgang	7.23 Uhr	7.14 Uhr
Sonnenuntergang	19.00 Uhr	16.57 Uhr
Mondaufgang	11.22 Uhr	11.24 Uhr
Monduntergang	21.02 Uhr	19.41 Uhr

Genauso wie der September leitet sich der Monatsname Oktober aus dem altrömischen Kalender ab, der ab dem altrömischen Jahresbeginn im März den achten Monat im Jahr darstellte (lateinisch „okta“ = acht). Zu Zeiten Karls des Großen wurde dem Oktober der Name Windumemanoth, vom lateinischen „vindemia“ (Weinlese), gegeben, da bekanntlich in Mittel- und Südeuopa gerade in diesem Herbstmonat die Weinlese über die Bühne geht.

Der altdeutsche Name „Gilbhart“, wie der Oktober in alten Bauernkalendern vermerkt ist, hat seinen Wortstamm den gelb gefärbten Blättern des Herbstes zu verdanken („reich an Gelbem“).

Im bäuerlichen Jahr freut man sich auf den Oktober nicht nur wegen seines Erntesegens, sondern weil am dritten Oktobersonntag das Kirchweihfest oder der „Allerweltskirta“ ansteht. An diesem Wochenende feierten Bauer, Bäuerin und Gesinde gleich drei Tage lang den Ausklang des Erntejahres. Zugleich durfte dann erstmals wieder – nach der sommerlangen Tanzpause – ausgiebig getanzt und gezecht werden. Deshalb war für den Oktober auch der Name Kirchweihmonat gebräuchlich. Heute erinnert man sich der Allerweltskirchweih vor allem beim Verzehr einer Kirchweihgans oder auch beim Kirchweihtanz.

Schwendtage im Oktober

Als verworfen gelten folgende Tage: der 3., der 6. und der 11. Oktober.

Tierkreiszeichen

Ab dem 24. September bis hin zum 23. Oktober dominiert das Sternzeichen der Waage (Libra), das dann bis zum 22. November vom Skorpion (Scorpius) abgelöst wird.

Das Oktober-Klima

Zuweilen gilt, dass der Oktober in seiner ersten Hälfte oft noch mit recht warmem Wetter wie im September aufwartet. So kann es sowohl Trockenperioden von zehn Tagen Dauer wie auch Dauerregen von zehn Tagen geben. Zu rechnen ist mit den ersten Morgenfrösten; die Morgennebel dauern bereits bis weit in die Vormittagsstunden hinein. Insgesamt ist mit 10 % der Jahresniederschlagsmenge zu rechnen.

Als mittlere Tagesmaximumtemperaturen gelten – den Beobachtungen des Deutschen Wetterdienstes zufolge – für Schleswig-Holstein 12,6 °C, Potsdam 13,7 °C, Essen 14 °C, Freiburg 15,3 °C, Warnemünde 12,9 °C und Görlitz 13,3 °C.

In kalten Oktobermonaten sinken die Temperaturen auf ein mittleres Tagesminimum von 6,6 °C (Schleswig), 6 °C (Potsdam), 4,4 °C (München), 2,1 °C (Fichtelberg), 7,3 °C (Warnemünde) und 5,8 °C (Görlitz).

Während die Frosttage etwa bei den Wetterstationen im Fichtelgebirge in der Regel bereits mit zehn Nachtfrösten zu Buche schlagen, ist an der Nord- und Ostsee höchstens mit ein oder zwei Tagen zu rechnen, an denen nachts die Quecksilbersäule unter die Null-Grad-Grenze fällt. In München werden in der Regel vier Frosttage, an der Wasserkuppe fünf und in Freiburg ein Frosttag gezählt.

Regen beziehungsweise bereits auch Schnee fällt an sieben (Görlitz) bis zwölf Tagen (Schleswig). Die Mittelwerte von München liegen bei acht, von Essen bei zehn und von Potsdam bei sieben Tagen. Daraus resultieren Niederschlagsmengen von 89,7 mm (Schleswig), 35,5 mm (Potsdam), 80,9 mm (Wasserkuppe) und 57,1 mm (München).

Rar macht sich nun immer mehr die Sonne. Am Himmel über Schleswig-Holstein lässt sie sich zwar nun noch 89,7 Stunden, in Potsdam aber nur noch 35,5 Stunden sehen, in Essen 111,1 Stunden, in München 128,7 Stunden, am Fichtelberg dagegen 130,3 Stunden.

Viele Wetterregeln deuten darauf hin, dass Schneefall im Oktober eher einen milden als einen strengen Winter ankündigt. Andererseits ist es so, dass ein nebelreicher Oktober einen Winter mit lang anhaltender Schneedecke ankündigt. Eine besondere Wetterentscheidung kommt dem Sankt-Lukas-Tag (18. Oktober) zu. Herrschen an diesem Tag milde Temperaturen, so ist nach langjährigen Beobachtungen davon auszugehen, dass man mit einem überaus kalten Januar rechnen kann.

Besonders eindrucksvoll und vielsagend ist das Verhalten von so manchen Tieren im Oktober. Graben sich die Mäuse tief ein, bauen die Ameisen ihre Hügel besonders hoch und müssen die Schäfer ihre Herden abends mit Gewalt eintreiben, weil noch eine zu milde Witterung im Oktober herrscht, kann sicherlich damit gerechnet werden, dass der Winter besonders kalt und lang werden wird.

Meteorologische Oktober-Rückschau

Wie bereits unter Oktoberklima erwähnt, ist im langjährigen Vergleich der Oktober mit dem Januar gewissermaßen schicksalsverbunden. Nach den Erfahrungen der Meteorologen folgt in Mitteleuropa einem Oktober, der im Durchschnitt um mindestens 2 °C zu warm und gleichzeitig wesentlich trockener als normal ist, mit 85 % Wahrscheinlichkeit ein zu kalter Januar. Der Volksmund räumt deshalb dem Oktober eine Schlüsselstellung im Hinblick auf den zu erwartenden Winter ein, was auch folgende Bauernregeln beweisen:

Wenn im Oktober die Eich ihr Laub behält,
so folgt ein Winter mit strenger Kält.
Oktober rau, Januar flau.

Bestätigt wurde dies im Januar des Jahres 1864, als in Mitteldeutschland nach einem vorausgegangenen flauen Oktober eine Mitteltemperatur von 6 °C den Januar einen ganzen Monat lang beherrschte, was 5,8 °C unter dem Normalwert der Temperaturaufzeichnungen der Wetterstation von Halle liegt.

Phänologie – der Kalender der Natur

Laubverfärbung und Blattfall bestimmter Laubbäume sind in manchen Gegenden über die Jahre hinweg im Mittel an den in der unten stehenden Übersicht angegebenen Tagen aufgetreten. Auch die Feldbestellung erfolgt in verschiedenen Gegenden im süddeutschen Raum an unterschiedlichen Tagen.

Blütezeit im Garten

Selbst der Oktober ist noch gut für einen blühenden Garten, auch wenn dieser bereits von den ersten Frösten bedroht ist. Dahlie, Herbst- und Winteraster sowie die Silberkerze erstrahlen, Fingerkraut und Rosen, Zaubernuss und Berberitzen, Japanische Quitte und Feuerdorn erleichtern einem mit ihrer Farbenpracht den Abschied von der warmen Jahreszeit.

Doch das sind nicht die einzigen Farbtupfer, die unser Auge im Oktober erfreuen, denn auch die Herbstfärbung der Bäume macht den Spätherbst im wahrsten Sinne zum Maler. Denken wir nur an die Ahornbäume, den Essigbaum, den Hartriegel, den Scheinhasel und die Roteiche.

Aussaat- und Pflanzkalender

Säen kann man im Gemüsegarten im Oktober noch Spinat, Petersilie, Kerbelrüben, gelbe Rüben, den Winterwirsing und das Winterkraut – das jedoch

	Freising-Weihenstephan	Würzburg-Stein
Winterroggen-Feldbestellung	1. Oktober	17. September
Winterweizen-Feldbestellung	5. Oktober	22. September
Laubverfärbung bei Rosskastanien	5. Oktober	30. September
Blattfall bei Winterlinden	17. September	16. Oktober
Blattfall bei Sommerlinden	20. Oktober	18. Oktober
Blattfall bei Rosskastanien	20. Oktober	18. Oktober
Laubverfärbung bei Sommerlinden	26. Oktober	24. Oktober

nur in geschützten Lagen. Gartenkresse sollte man dagegen bereits wieder in Kästen an den Fensterbrettern säen.

Höchste Zeit ist es nun geworden, die letzten Blumenzwiebeln unter die Erde zu bringen: Hyazinthen, Tulpen und Narzissen. Zeit auch, um Obstbäume und Sträucher zu pflanzen.

Allerlei nützliche Ratschläge für Garten, Haus und Hof

„Herr, es ist Zeit, der Sommer war sehr groß …", um mit Rilke zu sprechen, das gilt auch für den Freund der Gartenkultur, um Abschied vom Gartenjahr und von der Feldarbeit zu nehmen. Das Kernobst wird geerntet, denn es verträgt keine stärkeren Fröste als −5 °C. Hasel- und Walnüsse sollen nicht gepflückt und auch nicht vom Baum geschüttelt werden, sondern man sollte sich gedulden, bis sie von selbst abfallen, denn dann lösen sie sich besser aus ihrer schwarzen beziehungsweise grünen Hülle.

Eine besondere Sorgfalt gilt der Einlagerung von Äpfeln und Birnen. Es sollten nur absolut gesunde Früchte in den Keller gebracht werden. Die Kellertemperaturen sollen zwischen 4 bis 6 °C liegen, damit sich die Früchte lange halten; eine Luftfeuchtigkeit zwischen 85 und 90 % ist ideal.

Geeignet für die Lagerung von Obst sind vor allem Erdkeller. Die Feuchtigkeit in trockenen Kellern kann man durch Bespritzen des Kellerbodens mit Wasser steigern. Ideal erwiesen hat sich, das gelagerte Obst mit einer leichten Folie zu überdecken.

Volksmedizin

Von unseren Vorfahren längst erkannt, dann eine Generation lang fast vergessen, sind die Auswirkungen von Erdstrahlen. Sie werden von Wasseradern, Erzvorkommen und geologischen Verwerfungen ausgelöst und können oft fatale Folgen für Mensch und Tier wie auch für Pflanzen haben.

Wer plant, ein Haus zu bauen oder die Wohnung zu wechseln, sollte als eine der wichtigsten Maßnahmen der Gesundheitsvorsorge untersuchen lassen, ob in den Tiefen Erd- und Wasserstrahlen verborgen sind, die bekanntlich gesundheitsgefährdend sein können. Deshalb sollte man sich den Rat eines Wünschelrutengängers einholen. Es reagiert zwar nicht jeder Mensch gleich auf solch unterirdisch verlaufende Quellen, doch gesundheitlich sensible wie kränkelnde Menschen haben darunter oft schwer zu leiden, was sich nicht nur in Schlafstörungen äußern kann.

Bauern- und Wetterregeln

1. Oktober

Remigius, Theresia, Werner, Platon, Roman, Emanuel

Regen an Sankt Remigius
bringt den ganzen Monat Verdruss.

Wie der Oktober wittert,
so der März ausfüttert.

2. Oktober (Lostag)

Schutzengelfest
Leodegar, Luitgar, Hildebald, Gisbert

Laubfall zu Leodegar
kündet an ein fruchtbar Jahr.

Sitzt im Oktober das Laub noch fest am Baum,
fehlt ein strenger Winter kaum.

3. Oktober

Lutger, Ewald, Udo von Metten, Irmgard, Niketius, Adelgot

Nichts kann mehr vor Raupen schützen
als Oktober-Eis in Pfützen.

Ist der Weinmond warm und fein,
kommt ein starker Winter hinterdrein.

4. Oktober

Edwin, Franziskus von Assisi, Theresia, Edelburg

Wenn Buchenfrüchte geraten wohl,
Nuss- und Eichbaum hängen voll,
so folgt ein harter Winter drauf
und fällt der Schnee mit großem Hauf.

Ist der Oktober kalt,
so macht er fürs nächste Jahr dem Raupenfraß halt.

5. Oktober

Anna, Placidus, Timerin, Attila, Meinolf, Galla, Anna

Schneit's im Oktober gleich,
wird der Winter weich.

Bringt der Oktober Frost und Wind,
wird der Januar gelind.

6. Oktober

Adalbero von Würzburg, Bruno der Karthäuser, Renatus, Friederike

Wenn man im Weinmonat am Abend
die Schafe mit Gewalt eintreiben muss,
so fällt im Winter viel Schnee.

Wenn im Oktober die Füchse viel bellen,
so rufen sie großen Schnee herbei.

7. Oktober

Rosenkranzfest
Amalia, Gerold von Köln, Rosa, Marcellus

Heller Oktober –
windiger Winter.

Viel Regen im Oktober –
viele Winde im Dezember.

8. Oktober (Lostag)

Pelagius, Gunther, Demetrius, Laura, Hugo, Valeria, Simeon, Viktrizius.

Sankt Pelei
führt Donner herbei.

Wenn im Moor viel Irrlichter stehn,
bleibt das Wetter lange schön.

Wenn der Tauber noch girrt,
hat sich der Herbst geirrt.

9. Oktober (Lostag)

Dionysius, Emanuela, Theresia von München, Günther, Adalbert

Regnet's an Sankt Dionys,
so regnet's den ganzen Winter gewiss.

Wenn's im Oktober wetterleuchtet,

noch mancher Regen den Acker befeuchtet.

10. Oktober
Franz Borgia, Viktor von Xanten, Emeran, Kassius, Tuto

Bringt der Oktober viel Regen,
so ist's für die Äcker ein Segen.

Tummelt sich die Haselmaus,
bleibt der Winter noch lange aus.

11. Oktober (Lostag)
Burghard, Quirin, Mutter von gutem Rat, Tasso, Bruno von Köln

Sankt Burkhardi Sonnenschein
schüttet Zucker in den Wein.

Späte Rosen im Garten
lassen den Winter noch warten.

12. Oktober
Maximilian, Wilfried, Eustachius, Bernhard, Herlind, Otto

Oktoberhimmel voller Sterne
hat warme Öfen gerne.

Wenn der Oktober nicht hilft,
so ist dem Winzer nicht zu helfen.

13. Oktober
Andreas, Aurelia, Eduard, Koloman, Reginbald, Odilo, Simpert

Hält der Oktober das Laub lange fest,
so sorge dir ja für ein warmes Nest.

Behält im Oktober der Baum lang die Blätter,
so rechne auf strenges Weihnachtswetter.

14. Oktober
Alan, Hildegunde, Fortunata, Kalixtus

Kalter Weinmonat wenig Gutes hat,
nur die Mäuse und Raupen
kriegen die Staupen.

Ist sehr rau der Hase,
frierst du bald in der Nase.

15. Oktober (Lostag)
Hedwig, Thekla, Theresia von Avila, Aurelia von St. Emeran

Hedwig und Galle *(16. Oktober)*
machen das schöne Wetter alle.

Mit Hedwig und Galle
sind die Vögel alle.

Mit Hedwig tritt der Saft in die Rüben.

Sankt Hedwig und Sankt Gall
schweigt der Vögel Schall.

16. Oktober (Lostag)
Gallus, Florentin, Witburg, Lullus, Joachim

Sankt Gallen lässt den Schnee fallen,
treibt die Kuh in den Stall
und den Apfel in den Sack.

Sankt Gall
ernt die Rüben all.

Wenn Gallus kommt, hau ab den Kohl,
er schmeckt im Winter trefflich wohl.

Sankt Gall
macht mit dem Pfluge all.

Auf Sankt Gallentag
muss jeder Apfel in seinen Sack,
jedes Gewächs aus dem Boden heraus –
Bauer, lass die Kuh zu Haus.

Muss Sankt Gallus noch Butten *(Weinkörbe)* tragen,
wird der Wein dir nicht behagen.

Ist Sankt Gallen trocken,
so folgt kein Sommer mit nassen Socken.

Ist es nach Gallus noch heiß,
wird Marcellus *(16. Januar)* weiß.

Auf Sankt Gallus
die Ernte in den Keller muss.

17. Oktober
Anselm von Wien, Hedwig von Andecks, Adreas, Heriburg

Oktoberschnee
tut Pflanzen und Tieren weh.

Je fetter die Vögel und Dachse sind,
desto kälter scheint das Christkind.

18. Oktober (Lostag)
Lukas, Mono, Justuns, Leopold, Gwenn, Julian

Fällt der erste Schnee in den Dreck,
bleibt der ganze Winter nur ein Geck.

Wer in der Lukaswoche Roggen streut,
es bei der nächsten Ernte nicht bereut.

19. Oktober
Paul vom Kreuz, Jean, Isaak, Laura, Irmtraud

Sperrt der Winter früh das Haus,
hält er es nicht lange aus;
bleibt aber der Vorwinter aus,
kommt der Nachwinter mit Frost und Braus.

Kommt die Feldmaus bereits jetzt ins Dorf,
kümmre dich um reichlich Holz und Torf.

20. Oktober
Wendelin, Vitalis, Jakob, Franz, Johanna, Martha, Irene

Wenn die Wildgänse unserer Gegend entfliehen,
wird der Winter schnell heranziehen.

Scharren sich die Mäuse tief ein,
wird's ein harter Winter sein;
und viel härter noch,
bauen die Ameisen ihre Haufen hoch.

21. Oktober (Lostag)
Ursula, Meiko, Meinrad

Sankt Ursulas Beginn
zeigt auf den Winter hin.

An Ursula muss das Kraut herein,
sonst schneien Simon und Juda *(28. Oktober)* drein.

Wie das Wetter am Ursulatag war,
so soll es im nächsten Januar sein.

22. Oktober
Ingbert, Blandina, Kordula, Saloma, Irmtrud, Philipp

Ist der Oktober freundlich und mild,
kommt der März rau und wild.

Wenn's im Oktober friert und schneit,
so bringt der Jänner milde Zeit.

23. Oktober (Lostag)
Severin, Oda, Richmund, Jakobus, Ingbert

Wenn's Sankt Severin gefällt,
bringt er mit die erste Kält.

Viel Wind im Oktober –
lacht der Müller im Dezember.

24. Oktober
Antonius Maria Claret, Evergislus, Proclus, Fromund

Wenn's im Oktober donnert und wetterleuchtet,
der Winter dem April mit seinen Launen gleichet.

Wer den Dreschflegel nimmt,
muss die Geigen vergessen.

25. Oktober
Crispin, Chrysanth, Daria, Ludwig von Arnstein, Krispinian

Mit Crispin
sind alle Fliegen hin.

Viel Nebel im Oktober –
viel Schnee im Winter.

26. Oktober
Amandus, Gerwich, Josephine, Witta, Wigand

Kommt bereits vor Allerheiligen Frost,
so kommt ein weißer Winter zur Post.

Ein kalter Oktober den Bauern freut,
bringt den bösen Raupen Leid.

27. Oktober
Sabina, Wolfhard von Augsburg, Adalward, Frument, Ädisius

Solange der Kiebitz noch nicht weicht,
ist mildes Wetter angezeigt.

Trägt der Has' lang sein Sommerkleid,
ist der Winter noch sehr weit.

28. Oktober (Lostag)
Simon und Judas Thaddäus, Alfred der Große, Amandus

Ist Simon und Juda
kein Regen und Wind da,
dann bringt ihn erst Cäcilia.

Simon und Juda regieren das Weihnachtswetter.
Wenn Simon und Juda vorbei,
rücket der Winter herbei.

Wenn zu uns Simon und Judas wandeln,
wollen sie mit dem Winter handeln.

Wenn Simon und Judas vorbei,
ist der Weg zum Winter frei;
es sitzen auch die heiligen Herrn
am warmen Kachelofen gern.

Simon und Judas
fegen Laub in die Gass.

Wenn Simon Judä schaut,
so pflanz' Bäume, schneide Kraut.

29. Oktober
Margarete, Narzissus, Dietger, Siegbert, Ermelind

Der Oktober im Regen
bringt ein Jahr voller Segen.

Wie der Oktober, so der März –
das bewährt sich allerwärts.

30. Oktober
Bernhard, Luitburg, Thöger, Serapion

Bringt der Oktober viel Frost und Wind,
so sind Jänner und Hornung gelind;
wenn es aber friert und schneit,
bringt der Jänner milde Zeit;
jedoch wenn's donnert und wetterleuchtet,
der Winter dem April an Launen gleichet.

Wirft der Maulwurf noch spät die Haufen,
siehst du im Jänner schon die Mäuse laufen.

31. Oktober (Lostag)
Wolfgang, Quintin, Urban, Foillan, Notburga

Wolfgang Regen
verspricht ein Jahr voller Segen.

Will's Laub nicht von den Bäumen weichen,
ist dies ein hartes Winterzeichen.

November

Windmonat
Nebelung
Wolfmond
Allerheiligenmonat
Totenmonat

Sonne und Mond

Der Tag nimmt im November um eine Stunde und 25 Minuten ab (MEZ, Kassel, siehe Seite 184).

	Monatsbeginn	Monatsende
Sonnenaufgang	7.16 Uhr	8.04 Uhr
Sonnenuntergang	16.55 Uhr	16.18 Uhr
Mondaufgang	12.19 Uhr	11.45 Uhr
Monduntergang	20.27 Uhr	20.06 Uhr

Als neunter Monat im alten Kalender der Römer hat der November (lateinisch „novem“ = neun) bis zum heutigen Tag seinen Namen behalten, auch wenn er im heutigen Mitteleuropa einst Namen wie Nebelung und Wolfsmonat trug. Seit dem Jahre 609 beginnt der November mit dem Allerheiligentag, den Papst Bonifazius IV. ins Leben rief. Wenn dieser Tag auch in katholischen Gegenden dazu genutzt wird, die Gräber der Toten zu besuchen, so wollte ihn Papst Bonifazius IV. eher als Freudentag in Erinnerung an die Heiligen und Märtyrer sehen.

Dem Gedenken an die Toten ist der katholischen Liturgie nach der Allerseelentag (2. November) gewidmet. Als einer der größten Bauernfeiertage galt einst der Namenstag des heiligen Leonhards als einer der vierzehn Nothelfer. Sankt Leonhard, dem am 6. November Pferdeprozessionen gewidmet sind, gilt als Schutzpatron nicht nur für Pferde, sondern für alle Nutztiere eines Bauernhofes.

Schwendtage im November

In diesem Monat gibt es nur einen verworfenen Tag, und zwar am 12. November.

Tierkreiszeichen

Vom 24. Oktober bis zum 22. November ist das Sternzeichen des Skorpions (Scorpius) angesagt. Ihm folgt das Sternzeichen des Schützen (Sagittarius) das bis zum 21. Dezember regiert.

Das November-Klima

Der November wird viel öfter zu einem Kältebringer als der Wintermonat Dezember. Schon seit jeher gilt die Regel: „Wenn’s zu Allerheiligen schneit, halte Deinen Pelz bereit“. Stürmisches Wetter, Nebel und ein Absinken des Luftdrucks über dem Atlantik sind die typischen Begleiter des Nebelmonats. Die klaren Nächte sind ein sicherer Vorbote für Kälte und Frost. Mit einer 75-prozentigen Sicherheit ist bei starkem Frost in der Zeit vom 1. bis zum 10. November damit zu rechnen, dass im Januar nicht Schnee fällt, sondern die Zahl der Regentage überwiegt.

Es kann jedoch auch sein, dass bereits Mitte November Schnee fällt, der sich länger hält und einen frühen Winter einläutet.

Ein besonderer Lostag für das Wetter im November und Dezember scheint der Martinitag, also der 11. November, zu sein. Ist es um Martini herum mild, feucht und damit trüb, kann mit etwa 70 % Wahrscheinlichkeit mit einem milden Winter gerechnet werden.

Auch der Sankt-Kathreins-Tag (am 25. November) gilt als wetterwendischer Tag. Langjährigen Beobachtungen zufolge soll nach einem trockenen Kathreinstag ein trockener Februar folgen. Ist die „Kathi mit ihrem Radl" (Mühlenrad) aber feucht, dann soll auch der Februar überaus regnerisch werden. Fazit zum gesamten Novemberwetter in der Voraussage: Ist der November kalt und von geringem Niederschlag gekennzeichnet, dann wird der folgende Januar zu 70 % mild sein.

Freundliche November können immerhin noch mittlere Tagestemperaturen um die 9 °C (Schwarzwald) und 6 bis 7 °C an Nord- und Ostsee bescheren. Im Ruhrgebiet liegen die Tageshöchsttemperaturen im November um 8 °C, das Minimum bei 3,5 °C. In Schleswig-Holstein liegt das Tagesminimum bei 2,6 °C, in Mecklenburg-Vorpommern bei 3,2 °C, im Alpenvorland um München bei 0,1 °C. Bei den Frosttagen erreicht die Wetterstation Fichtelberg einen Rekord von 23 Tagen, während Potsdam nur an neun Tagen mit Frost rechnen muss. In München dagegen werden in der Regel bereits 15 Frosttage, auf der Wasserkuppe 19 Tage, in Freiburg dagegen nur sieben Frosttage gezählt.

Eine Schneedecke wurde in den vergangenen 30 Jahren am Meer an zwei beziehungsweise vier Tagen, im Voralpenland an fünf Tagen und in Mittelgebirgsgegenden an 12 bis 18 Tagen registriert. Die Gesamtniederschlagsmengen jedoch schwanken bundesweit zwischen 50 mm (Warnemünde) und 104 mm (Schleswig-Holstein).

Die Sonne ist im November ein sehr seltener Gast. Während sich die Menschen in München noch über fast 70 Stunden, die Freiburger über 68 Stunden freuen können, müssen sich die an

Das Wetter am Martinstag:
Was gibt es doch für fabelhafte Möglichkeiten zur Vorausbestimmung des Wetters! Wie bereits betont, soll vor allem der Namenstag des heiligen Martins – und alle Tage, die sich um ihn reihen – für das Wetter des kommenden Winters bestimmend sein.
Die Ungarn und die angrenzenden Balkanstaaten haben ihre eigene Methode, das Wetter am Martinstag vorauszubestimmen. Sie verbinden ihren kulinarischen Genuss einfach mit einer Wettervorhersage, was in folgender Gepflogenheit resultiert: Sie verspeisen, wie auch anderswo in den Ländereien der einstigen Donaumonarchie, traditionsgemäß am 11. November ihre Martinsgans und legen davon den Brustbeinknochen vor ihre Haustür, um damit das Wetterorakel zu beschwören. Färbt sich dieser Knochen bis zum Morgen des nächsten Tages weiß, dann erwarten sie im kommenden Winter viel Schnee, aber wenig Kälte. Bleibt der Knochen jedoch braun, dann ist ein schneearmer Winter mit beißendem Frost zu erwarten.

der Küste wohnenden im November mit 50 bis 57 Sonnenstunden zufrieden geben.

Meteorologische November-Rückschau

Mit den Worten einer Bauernregel gesagt:

Bringt Sankt Martin Sonnenschein, tritt ein kalter Winter ein.

Bewiesen wurde dies einmal mehr im Winter des Jahres 1986/87. Damals konnte man sich in weiten Teilen Deutschlands über fast acht Stunden Sonnenschein am Martinstag und Höchsttemperaturen um 15 °C freuen. Die (Wetter-)Folge davon war ein Januar mit Tiefsttemperaturen von −24 °C. Als bisher kältester Martinstag ging in Mitteldeutschland der Martinstag anno 1899 in die Wettergeschichte ein. Dieser Tag schnitt über 24 Stunden mit einem Tagesminimum von −11,2 °C ab.

Doch Sankt Martin reitet nur selten einen Schimmel, denn im 20. Jahrhundert gab es insgesamt nur an 35 Martinstagen Niederschlag, ein Flockenwirbel wurde am 11. November letztmalig im Jahre 1981 in Händelstadt registriert. Doch die Zeit danach, in der zweiten und dritten Novemberdekade, ist schon eher für Schneefall bekannt. Dann trifft der allseits bekannte Wetterspruch zu:

Mit den Federn der Martinsgans fällt der erste Schnee.

Phänologie – der Kalender der Natur

Der Blattfall der Sommerlinde wird deutschlandweit in der Zeit vom 4. November bis zum 7. November beobachtet. Die Zeit der Feldarbeit und damit auch das Jahr des Gärtners enden in der Zeit zwischen dem 18. und dem 25. November.

Blütezeit im Garten

Das große Blühen ist längst vorüber. Was noch bleibt, ist vielleicht die Blüte der Christrose, der Winteraster, des Duftschneeballs und der Zaubernuss.

Aussaat- und Pflanzkalender

Eile tut not, wenn man noch rechtzeitig die Herbstpflanzung von Obstgehölzen, Bäumen und Ziersträuchern unter Dach und Fach bringen will. Höchste Zeit ist es auch, die letzten Rosen zu pflanzen. Doch dies ist nur noch an frostfreien Tagen möglich. Die „Saatzeit“ spielt sich inzwischen überwiegend auf der Fensterbank ob, wo man die Vitaminspender Kerbel und Kresse säen kann.

Aussäen kann man aber dagegen im Garten noch Kaltkeimer wie etwa Scheinmohn und Veilchen oder unter Glas Rettich und Radieschen.

Allerlei nützliche Ratschläge für Garten, Haus und Hof

Damit die Rinde beim ersten starken Sonnenstrahl im Frühling nicht platzt,

Auch den Tieren des Bauernhofs ist ein Heiliger gewidmet – der Heilige Leonhard.

sollen die Obstbäume gegen die Frostrisse mit einem Kalkanstrich versehen werden. Auch Leimringe an den Obstbäumen anzubringen, ist als guter Rat zu verstehen.

Den Bäumen kann man auch etwas Gutes tun, wenn man sie jetzt mit handelsüblichen Düngern für das kommende Frühjahr stärkt. Lebt man waldnah, dann sollen die Obstbäume mit Draht oder auch mit dem Reisig von Nadelbäumen gegen Feldhasenverbiss geschützt werden.

Im Blumengarten ist jetzt ein eilfertiges „Rein und Raus“ angebracht. Die Knollen von Dalien und Gladiolen müssen aus der Erde, geputzt und getrocknet werden, während die letzten Frühjahrsblüher eigentlich schon längst unter der Erde sein müssten.

Volksmedizin

Die Herbststürme sind gesundheitlich nicht jedermanns Geschmack, denn stürmisches Wetter plagt nervlich Labile wie überaktive Menschen gleichermaßen mit Blutdruckschwankungen und in der Folge davon mit Kopfschmerzen und Schlafstörungen.Wenn es draußen stürmt, kann es auch leicht zu Herz-Kreislauf-Störungen kommen.

Aufrüttelnd dagegen kann diese stürmische Frischluftzufuhr für jene Leute sein, die an chronischer Müdigkeit leiden oder von Bronchial- und Asthmaleiden geplagt sind.

Doch sollte man sich trotz des stürmischen Wetters nicht bereits jetzt hinter dem warmen Ofen verkriechen, sondern – natürlich warm angezogen – einen täglichen Spaziergang unternehmen, selbst wenn's nur ein paar Mal um das eigene Grundstück ist.

Bauern- und Wetterregeln

1. November (Lostag)
Allerheiligen
Luitpold, Arthur, Harald, Theolinde, Rupert

An Allerheiligen geh' in den Wald,
nimm von der Birke einen Span,
und da siehst du es ihm gleich an,
ob der Winter warm ist oder kalt:
Ist der Span trucken,
wird ein warmer Winter anrucken,
aber ist er nass genommen,
wird ein kalter Winter kommen.

Allerheiligen kalt und klar,
macht zur Weihnacht alles starr.

Allerheiligenreif
macht zur Weihnacht alles steif.

Allerheiligen klar und helle –
sitzt der Winter auf der Schwelle.

Bringt Allerheiligen einen Winter,
so bringt Martini einen Sommer.

Ist's zu Allerheiligen rein,
tritt Altweibersommer ein.

Schnee am Allerheiligentag
selten lange liegen mag.

Wenn die Heiligen das Wetter
verdorben vorfinden,
so bringen sie es in Ordnung;
wenn sie es gut finden,
in Unordnung.

Allerheiligen bringt den Nachsommer.

Soll der Winzer glücklich sein,
tritt Allerheiligen Sommer ein.

Nach der Allerheiligen-Messe
sind wir des Winters gewisse;
wenn er dann nicht kommen mag,
dauert's bis zum Martini-Tag
(11. November).

2. November (Lostag)
Allerseelen
Viktoria, Margarete, Tobias, Justus, Angela

Der Allerseelentag will drei Tropfen Regen haben.

Fällt das Laub sehr zeitig,
wird der Winter eisig.

3. November
Hubertus, Erich, Bertold von Engelberg, Gottlieb, Winifried

Blühn an Hubert die Bäume aufs neu,
währet der Winter bis zum Mai.

Brauchtum:
Die katholische Kirche feiert am 3. November das Gedächtnis von zwei Heiligen: Sankt Hubertus und Sankt Eustachius. Beide gelten als Schutzpatrone der Jäger und Förster. Der bekanntere von ihnen ist der heilige Hubertus. Zu seinem Namenstag werden Hubertus-Jagden, -Feiern und Gottesdienste abgehalten, wobei vor allem mit Hörnerklang für ein reiches Jagdjahr gedankt wird.

Wie der Wolfmonat wittert,
so wittert auch der März.

4. November

Emmerich, Gregor, Agricola, Karl Borromäus, Modesta

Der Mai kommt gezogen
wie der Winter geflogen.

Wie der November
so der nächste Mai.

Brauchtum:
Am 6. November wird dem Bauernheiligen Sankt Leonhard gehuldigt. Dazu finden Prozessionen mit prächtig geschmückten Pferden statt.

5. November

Berthild, Blandine, Zacharias, Berthildis, Florin

Je mehr Schnee im November fällt,
umso fruchtbringender wird das Feld.

November-Morgenrot
mit langem Regen droht.

6. November (Lostag)

Leonhard, Rudolf, Christine von Stommeln, Erlfried, Protasius

Nach der vielen Arbeit Schwere,
an Leonhard die Rösser ehre.

Wie's Wetter an Leonhard ist,
so bleibt's bis Weihnachten gewiss.

Wenn's an Sankt Leonhard regnet und dann frostet,
dies der Saat das Leben kostet.

7. November

Baldus, Ernst, Engelbert von Köln, Karina, Malachius, Gisbert

Ein heller, kalter, trockener November
gibt Regen und milde Luft im Januar.

November hell und klar
ist übel für das nächste Jahr.

8. November

Egbert, Severus, Gregor von Einsiedeln, Theodor, Viktor

Nordlicht an der Himmelshöh
verkündet zeitig Eis und Schnee.

Sitzt im November fest das Laub,
wird der Winter hart, das glaub.

9. November

Herfried, Roland, Theordor von Euchaita, Ragnulf, Agrippinus

Blühn im November die Bäume gar,
dies noch nie ein gutes Zeichen war.

An Theodor ein Morgenrot
von Westen her viel Regen droht.

10. November

Eduard, Hermann, Johannes, Leo der Große, Karl Friedrich

Ist es vor Martini trüb,
wird der Winter auch nicht lieb.

Wenn im November die Sterne stark leuchten,
bedeutet es aufkommende Kälte.

11. November (Lostag)

Martin von Tours, Agnes, Bruno, Mennas, Bertwin

Wer da will verstehen bass,
ob der Winter dürr oder nass,
den Sankt-Martins-Tag betracht,
das Siebengestirn nimm in Acht;
denn auf ein nass Wetter zur Hand
folgt ein Winter mit Unbestand;
wenn aber die Sonne scheinet wohl,
ein harter Winter werden soll.

Ist Martini Sonnenschein,
tritt ein harter Winter ein.

Brauchtum:
Der Namenstag des heiligen Martins (11. November) ist mit Martinsumzügen und -Umritten in das Brauchtum eingegangen. Keinesfalls fehlen darf zu diesem Namensfest die Martinsgans, die genauso wie zu Kirchweih und Weihnachten auf die Speisezettel in Stadt und Land gehört. In Süddeutschland bekannt ist auch noch der Brauch des Wolfauslassens, zu dem Jugendliche mit großen Schellen von Hof zu Hof ziehen, um zum Ende des Weidejahres den Hirtenlohn einzusammeln.

Wenn zu Martini Nebel sind,
dann wird der Winter meist gelind.

Ist's Brustbein an der Martinsgans braun,
wird man mehr Schnee als Kälte schaun;
ist es aber weiß,
so kommt weniger Schnee als Eis.

Hat Martini einen weißen Bart,
wird der Winter lang und hart.

Wie St. Martin führt sich ein,
so wird zumeist der Winter sein.

Macht Sankt Martin ein trübes Gesicht,
bringt Zahnschmerzen er und auch die Gicht;
lässt er hingegen sich fröhlich sehn,
brauchst nicht zu Doktor und Bader gehn.

Wolken am Martinitag –
der Winter unbeständig werden mag.

Wenn die Schafe zu Martini
im Trocknen gehen,
so gehen sie zu Weihnachten
im Pfuhl.

Wenn am Martinstag Wind ist,
fehlt's im ganzen Jahr nicht daran.

Kommt Sankt Martin mit Winterkält,
ist's gut, wenn bald ein Schnee drauf fällt.

Find um Martini die Gans
kein Wasser mehr,
dann watet sie im Winter
im Schmutz umher.

Ist um Martin der Baum schon kahl,
macht der Winter keine Qual.

12. November

Adelheid, Diego, Kunibert, Renatus, Christian

Novemberschnee
tut der Saat nicht weh.

13. November

Eugen, Gertraud, Karl, Wilhelm von Niederalteich, Himer

Schneit's gleich nach St.Martin ein,
wird wohl weiß die Weihnacht sein.

Novemberschnee auf nassem Grund
bringt gar schlechte Erntestund.

14. November

Alberich, Bernhard, Richard, Josaphat, Sidonis, Levinus

Ruhen die Nebel im Wald,
kommt der Winter bald.

Wenn im November
die Wasser steigen,
so werden sie sich
im ganzen Winter zeigen.

Klöppeln und Sonnen waren einst die Lieblingsbeschäftigungen an langen Winterabenden.

15. November (Lostag)

Leopold, Albertus Magnus, Marinus, Anianus, Artus

Der Leopold scheucht mit dem Wind
Schafe, Kühe und Gesind.

Der heilige Sankt Leopold
ist dem Altweibersommer hold.

16. November

Answald, Gertrud, Karl, Otmar, Walter, Margarete

Die Erde muss ihr Bettuch haben,
soll sie der Winterschlummer laben.

Wenn im November noch Donner rollt,
wird dem Getreide Lob gezollt.

Wenn's im November donnern tut,
wird das nächste Jahr wohl gut.

17. November

Edmund, Florin, Gregor der Große, Hiltrud, Viktoria von Cordoba

Ist im November die Buche starr und fest,
sich große Kälte erwarten lässt.

Ist im November das Buchenholz im Saft,
viel Nässe dann der Winter schafft.

18. November

Gelasius, Odo, Gerung von Roggenburg, Roman, Maximus

Im November viel Nass –
auf den Wiesen viel Gras.

19. November (Lostag)

Elisabeth von Thüringen, David, Mechthild, Pontianus

Was der Winter für ein Mann,
sagt heut Elisabeth dir an.

Friert im November zeitig das Wasser,
dann ist's im Januar umso nasser.

20. November
Bruno, Edemund, Korbinian, Bernward, Felix, Gerhard

Je mehr Schnee im November fällt,
umso fruchtbringender wird das Feld.

Im November ist hinter jeder Staude
ein anderes Wetter.

21. November (Lostag)
Mariä Opferung
Johannes von Meißen, Albert, Columban

Maria Opferung klar und hell,
macht einen Winter ohne Fehl.

Wenn an Mariä Opferung die Bienen fliegen,
ist das nächste Jahr ein Hungerjahr.

22. November
Cäcilia, Prokop, Ava, Maurus, Stephan, Alfons, Philemon

Leuchten auf Cäcilia die Sterne klar,
endet mit Kälte das Jahr.

Im November Mist fahren
soll das Feld vor Mäusen bewahren.

23. November
Klemens, Adele, Detlef, Felizitas, Trudo, Kolumban

Dem heiligen Klemens traue nicht,
selten hat er ein klar' Gesicht.

Der rechte Bauer weiß es wohl,
dass im November man wässern soll.

24. November
Albert, Flora, Hitto, Chrysogonus, Modestus

Novemberdonner
deutet auf einen guten Sommer.

Wer sein Holz im November fällt,
dem sein Gebäude zehnfach hält.

Im Winter wurde viel im Haus erledigt, was den Sommer über zu kurz kam.

25. November (Lostag)
Katharina von Alexandria, Egbert, Niels, Margarete

Wie das Wetter auf Kathrein
so wird der ganze Winter sein.

Wie das Wetter an Sankt Kathrein
wird auch der nächste Hornung sein.

Kathrein
stellt die Schiffahrt und die Musik ein.

Wer eine Gans zum Essen mag,
beginnt zu mästen sie am Katharinentag.

Ist's wolkig am Katharinentag,
gedeihen die Bienen gut danach.

Die heilige Katharina kommt weiß gekleidet.

Um die Zeit von Sankt Katharein,
da wintert's gern ein.

Schafft Katharina vor Frost sich Schutz,
so watet man lange draußen im
Schmutz.

Wenn's wintert schon am
Katharinentag,
kommt der Eismond sehr gemach.

26. November

Konrad, Leonhard, Ida, Bertger, Albert von Oberaltaich

Noch niemals stand ein Mühlenrad
an Konrad, weil er Wasser hat.

Ist das Erdreich beim ersten Schnee
nass und offen,
so deutet dies auf geringe
Getreideernte.

27. November

Virgilius, Gustav, Modestus, Günther, Bilhild, Ada, Oda

Friert es auf Virgilius,
im März erst Kälte kommen muss.

Wenn die Bäume den Schnee halten,
werden sich im Frühjahr wenig
Knospen entfalten.

28. November

Berta, Gunther, Rufus, Gregor III., Gerhard, Hathumod

Laufen an Gerhard übers Feld die
Krähen,
wird bald Schnee darüber wehen.

Wieviel Tage vom ersten Schnee bis
zum Neumond fallen, so oft soll im
Winter der Schnee auftauen.

29. November

Franz Joseph, Friedrich, Jolanda, Radbod, Jutta von Heiligenthal

Bringt der November Morgenrot,
der Aussaat viel Regen droht.

Viel Novemberschnee
bringt viel Korn und Klee.

30. November (Lostag)

Andreas, Bernard, Emming, Folkhad, Gerwald, Maura, Luitberga

Andreas hell und klar
lässt hoffen auf ein gutes Jahr.

So schau' in die Andreasnacht,
was für Gesicht das Wetter macht:
So wie es ausschaut, glaub's fürwahr,
bringt's gutes oder schlechtes Jahr.

Andreasschnee bleibt hundert Tage
liegen.

Andreasschnee ist noch ein besserer
Trost
als viel Regen und folgender Frost.

Ein feucht oder dürr Jahr wird erkannt
mit einem Glas voll Wasser;
läuft es an Sankt Andreas über,
so kommt ein feucht Jahr hernach.

Sankt Andres macht das Eis,
Sankt Georg *(23. April)* bricht das Eis.

Am 1. Advent strenge Kält'
meist volle 18 Wochen hält.

Fängt der Winter früh an zu toben,
wird man ihn im Dezember
nicht loben;
aber im Januar, das merk dir fein,
wird voll Schnee und Eis er sein.

Schwacher Balg am Wilde
zeigt an des Winters Milde.

Dezember

Christmonat
Julmond
Wintermond
Heilmond

Sonne und Mond

Der Tag nimmt im Dezember um 29 Minuten ab (MEZ, Kassel, siehe Seite 184).

	Monatsbeginn	Monatsende
Sonnenaufgang	8.05 Uhr	8.27 Uhr
Sonnenuntergang	16.17 Uhr	16.24 Uhr
Mondaufgang	12.20 Uhr	11.40 Uhr
Monduntergang	21.08 Uhr	22.13 Uhr

Im Kirchenjahr gilt der Dezember als der erste Monat, den Römern galt er als zehnter Monat, woher auch der Name kommt, denn Dezember leitet sich von lateinisch „decem“ (= zehn) ab. Vor der Christianisierung galt er den heidnischen Vorfahren als besonders freudvoller Monat, weil am 21. Dezember die Wintersonnenwende gefeiert werden konnte. In der längsten Nacht und dem kürzesten Tag des Jahres wurde den Göttern geopfert und Freudenfeuer abgebrannt, weil ab der Wintersonnenwende der Tag wieder zu wachsen begann. Man glaubte an eine Wiedergeburt der Sonne, was zu Lichterfesten anregte. Anzunehmen ist, dass unser heutiger Christbaum, den es erst an die 300 Jahre gibt, auf die germanische Lebensrute zurückgeht.

Der Dezember ist von Anfang an mit uraltem Brauchtum wie dem Binden eines Adventskranzes, dem Nikolaustag, den Namenstagen der heiligen Barbara und der heiligen Luzia, dem schicksalhaften Thomastag und nicht zuletzt den vielfältigen Bräuchen zur Weihnachtszeit erfüllt.

Schwendtage im Dezember

Im Dezember gibt es keine verworfenen Tage.

Tierkreiszeichen

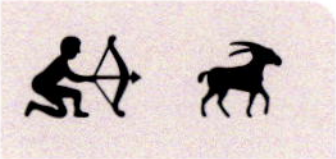

Das Sternzeichen Schütze (Sagittarius) beginnt am 23. November und ist bis zum 21. Dezember dominant. Es wird vom Steinbock (Capricornus) abgelöst, der bis zum 20. Januar dominiert.

Das Dezember-Klima

Der Dezember ist der Schlüsselmonat schlechthin, um eine Wettervorhersage für das nächste Jahr wagen zu können. Zeigt sich nämlich der Dezember besonders freundlich und warm, kann fast zu zwei Dritteln damit gerechnet werden, dass es im nächsten Jahr ein mildes Frühjahr gibt. Auch zwischen dem Dezember und Juni soll es einen wettervoraussagenden Zusammenhang geben.

Bei langjährigen Beobachtungen wurde festgestellt, dass ein Dezember mit mittleren Tagestemperaturen um 0 °C einen sehr warmen Juni verspricht.

Die Tage um die Weihnachtszeit herum sollen zu 60 % den Verlauf des weiteren Winters anzeigen. Eine zu kalte Weihnacht lässt einen warmen

Februar und einen baldigen Winterausklang vermuten.

Wie die mittleren Temperaturen für das Tagesmaximum verraten, muss der Dezember nicht unbedingt ein kalter Gesell sein. In den vergangenen 30 Jahren lag das Tagesmaximum zwischen 5,3 °C (Freiburg) und −1,5 °C (Wetterstation Fichtelberg). An der Nord- und Ostsee bewegt sich das Tagesmaximum bei 3,6 °C (Schleswig) und 3,9 °C (Warnemünde), während es in Oberbayern durchschnittlich 2,6 °C warm ist. Das Tagesminimum beträgt im Schnitt zwischen −0,6 °C (Schleswig), −0,1 °C (Warnemünde) und −4,3 °C (Wasserkuppe).

Nicht zu spaßen ist im Dezember mit dem Frost, der zwischen 12 Tagen (Essen) und 28 Tagen (Mittelgebirgslagen) auftritt. In letzteren raueren Gegenden muss auch an 27 Tagen mit Schnee gerechnet werden, während im Ruhrgebiet wie in Freiburg im Dezember in der Regel nur fünf bis sechs Tage Schnee liegt.

Die meisten Niederschläge fallen im Dezember auf der Wasserkuppe mit 103 mm, in Warnemünde dagegen nur 47 mm.

Der Dezember gilt als sehr sonnenarmer Monat. Der Planet lässt sich nämlich selbst im sonnenreichen Freiburg nur ganze 53 Stunden blicken. Die Sonnenscheindauer in Süddeutschland (Alpenregionen) liegt um 49 Stunden. Am sonnenärmsten ist im Dezember Mecklenburg-Vorpommern, wo sich die Sonne lediglich an 36 Stunden zeigt.

Meteorologische Dezember-Rückschau

Der Dezember, der eigentlich so recht den Winter einläuten sollte, ist für jede Überraschung gut genug. So richtig Verlass ist eigentlich nicht auf die für den ersten Advent geprägte Wetterregel:

Ist der erste Advent schon sehr kalt,
so wird die Kälte 18 Wochen alt.

So herrschten zwar im Jahre 1989 um den ersten Advent herum bundesweit wie in großen Teilen Mitteleuropas Temperaturen zwischen −6,7 °C und 7,2 °C, ohne dass darauf der Winter das Land 18 Wochen in den Griff bekommen hätte.

Langjährige Beobachtungen haben ergeben, dass die ersten zehn Tage im Dezember zu 80 % dank milder Meeresluft durch Westwind-Wetterlagen sich eher mild als eisig zeigen. Da trifft dann schon eher die Wetterregel zu, nach der zu Nikolaus (am 6. Dezember) mit den sprichwörtlichen „Nikolaus-Güssen“ die Bäche ausgespült werden, damit es erst dann zuschneien kann. So sind am 6. Dezember 1991 beispielsweise 0,5 Liter Regen pro Quadratmeter gefallen.

Der Traum von einer weißen Weihnacht wird zumeist enttäuscht. Schuld daran ist das unmittelbar vor dem Christfest eintretende Weihnachtstauwetter, das langjährigen Beobachtungen nach zu 72 % eintritt. Demnach können die Menschen im Binnenland in einem Jahrzehnt zwei- bis dreimal mit einer weißen Weihnacht rechnen, jene an den Küsten sich nur ein- bis zweimal auf Schnee zum Christfest freuen. Ein Beispiel: In Halle wurde seit dem Jahre 1946 lediglich elfmal eine weiße Weihnacht registriert. Als besondere Seltenheit muss aber gewertet werden, dass dort in den Jahren 1960 bis 1963, also viermal hintereinander, zur Weihnachtszeit Schnee lag. 1961 gab es dort sogar einen Kälterekord von −14,3 °C. Im Gegensatz dazu steht der Heilige Abend 1977, der Mitteldeutschland Tageshöchsttemperaturen um die 15 °C bescherte. Nicht nur in Frankreich gilt bei solchen Weihnachten, an denen man die Mücken und nicht die Schneeflocken tanzen sieht, die Bauernregel:

Wer auf dem Balkon sitzt zur Weihnachtsfeier,
der isst am Kamin seine Ostereier.

Phänologie – der Kalender der Natur

Im Dezember ruht bekanntlich die Natur, weshalb auch dem phänologischen Beobachter eine kurze Ruhepause gegönnt ist. Für ihn geht das Jahr mit dem Spätherbst und der Beobachtung der Blattfärbung von Rosskastanie und Eberesche wie dem Anbau von Winterweizen und Roggen zu Ende. Es beginnt dann aber bereits wieder im Vorfrühling, wenn das Schneeglöckchen zu blühen beginnt.

Blütezeit im Garten

In rauen Mittelgebirgsgegenden sind es oft einzig und allein die Schnee- und Eiskristalle, die im Garten „blühen". In milderen Gegenden dagegen kann es durchaus vorkommen, dass einen die Blüten des Duftschneeballs, der Christrose oder der Zaubernuss erfreuen – günstige Lage und Witterung natürlich vorausgesetzt. Im Zimmer dagegen erfreuen einen, wenn rechtzeitig gesetzt, zu Weihnachten Hyazinthen, Tulpen und Tazetten.

Aussaat- und Pflanzkalender

Die Dezemberaussaat spielt sich für den Normalbürger, der kein beheiztes Treibhaus besitzt, auf der Fensterbank ab, wo er als Vitaminspender Kerbel und Kresse aussäen kann. Ist der Boden noch nicht gefroren, können selbst um diese Jahrszeit noch robuste Gehölze gepflanzt werden. Auch Spargelbeete können angelegt werden, wenn der Boden noch „offen" ist.

Allerlei nützliche Ratschläge für Garten, Haus und Hof

Wer sich fürs Zimmer aus dem Garten Blühendes holen will, für den gibt es gleich mehrere Möglichkeiten. Nicht nur die am Barbaratag (4. Dezember) geschnittenen Kirschzweige können in der Wohnung erblühen. Bestens eignen sich dazu auch Winterjasmin, Forsythien, Pfirsichzweige, Blutjohannisbeere, Japanische Quitte und Zierpflaume.

Das ganze Augenmerk sollte aber dem Keller gehören. Dort sollte man regelmäßig die eingelagerten Bestände an Obst und Gemüse kontrollieren. Ist der Keller zu warm und daher sehr trocken, sollte der Boden mit Wasser besprengt oder eine Kiste mit feuchtem Stand aufgestellt werden.

Bei eingelagerten Balkon- und Kübelpflanzen sollte darauf geachtet werden, dass alles welke Laub ständig entfernt wird. Jeder frostfreie Tag sollte dazu genutzt werden, den Keller tagsüber gut durchzulüften.

Volksmedizin

„Wie man sich bettet, so schläft man." Diese alte Volksweisheit hat ihren Wert auch heutzutage keineswegs verloren. Es ist nicht nur eine Modeerscheinung, sich gerade zum Zubettgehen der verborgenen Kräfte von Hanf-Matratzen, Hanf-Schlafkissen und Hanf-Kuscheldecken anzuvertrauen. Die Hanfdecke ist immerhin wärmender als eine Baumwolldecke und fast so warm wie eine Schurwolldecke. Sie lässt Luft an die Haut kommen und kann etwa 30 % ihres Eigengewichts an Feuchtigkeit aufnehmen, wobei sie sich auch dann noch immer atmungsaktiv anfühlt. Für einen wohligen Schlaf ist deshalb gesorgt. Die Hanffaser ist außerdem sehr langlebig und hautfreundlich. Hanf-Kuscheldecken gewährleisten auch, dass sie nicht klumpen. Früher wurde ja vielerlei aus Hanf hergestellt: Segel, Zeltplanen, Kleidung. Seile und Leinwand zu vielen Zwecken. Und seit altersher gilt das Hanf-Sprichwort:

Schiffe gelenkt,
Glocken geschwenkt,
Bettstellen verschränkt
und Diebe gehenkt!

Bauern- und Wetterregeln

1. Dezember (Lostag)
Eligius, Edmund, Charles, Natalie, Blanka, Erich, Landoald

Ist's an Eligius sehr kalt,
macht die Kälte vier Wochen nicht halt.

Geht der Dezember auf,
so gibt's 'n wetterwendschen Lauf.

2. Dezember (Lostag)
Lucius, Bibiana, Aurelia, Luzius, Wisinto, Johannes

Wenn es regnet an Bibianae Tag,
regnet's vierzig Tage und eine Woche danach.

Dezember dunkel und nicht sonnenklar
verheißt ein gutes, ein fruchtbar Jahr.

3. Dezember

Franz Xaver, Gerlind, Attala, Emma, Sola, Modestus

Weht der Dezemberwind aus Ost,
bringt er den Kranken wenig Trost.

Wenn Kälte in der ersten Adventswoche kommt,
so hält sie volle zehn Wochen an.

4. Dezember (Lostag)

Barbara, Johannes von Damaskus, Christian, Osmund, Anno

Auf Barbara die Sonne weicht,
auf Luzia *(13. Dezember)*
sie wieder herschleicht.

Genau wie der Barbaratag
auch der Christtag werden mag.
Sankt Barbara soll Blütenknospen zeigen.

5. Dezember

Abigail, Gerald, Reginhard, Hartwich, Sabbas, Niels

Trägt Abigail weiß,
wird der Sommer heiß.

So kalt wie der Dezember,
so heiß wird's im Juni.

6. Dezember (Lostag)

Nikolaus von Myra, Gertrud, Albin, Dionysia, Henrika

Regnet's am Sankt Nikolaus,
wird der Winter streng, o Graus.
Sankt Nikolaus
spült die Ufer aus.

Fließt Nikolaus noch der Birkensaft,
dann kriegt der Winter keine Kraft.

Langjährigen Beobachtungen zufolge setzen um den 6. Dezember die Nikolaus-Güsse ein.

7. Dezember

Ambrosius, Gerhard, Sigtrud, Agathon, Gerhald, Ernst, Fara

Brauchtum:
Sankt Barbara zählt zu den vierzehn heiligen Nothelfern und wird von den Bergleuten, Glöcknern wie von Gefangenen als Schutzpatronin verehrt. Als eine besondere Landespatronin gilt sie den Schlesiern.

An St. Barbara werden von den Kirschbäumen die Barbarazweige geschnitten und in eine Vase ins Zimmer gestellt, damit sie rechtzeitig zum Weihnachtsfest aufblühen. Doch auch die Zweige von Apfel-, Birnen-, Kirsch- und Pflaumenbäume lohnen einen Versuch. Leicht zum Blühen gebracht werden können auch Forsythienzweige. Wichtig ist nur, dass man die Barbarazweige nicht gleich von der großen Kälte auf die Fensterbank über eine Heizung stellt, da hierbei die Knospen vertrocknen könnten. Vielmehr sollte man die Zweige zuerst ein paar Tage in einen kälteren und anschließend erst in einen wärmeren Raum stellen.

Ist Ambrosius schön und rein,
wird St. Florian *(4. Mai)* ein wilder sein.

Christmond launisch und lind –
der Winter ein Kind.

8. Dezember (Lostag)
Mariä Empfängnis
Edith, Konstantin, Sabina, Alfrida, Lucilla

Maria Empfängnis im Grünen,
grüßt die Geburt im Schnee.

Wie der Dezember, so der Frühling.

9. Dezember
Eucharius, Liborius, Petrus Fourier, Valeria, Wulfhilde

Weißer Dezember, viel Kälte darein,
bedeutet, das Jahr soll fruchtbar sein.

10. Dezember
Angelina, Anton, Bruno, Judith, Herbert, Tethard, Witgar

Ist Dezember mild mit vielem Regen,
dann hat's nächstes Jahr sehr wenig Segen.

Christmond im Dreck
macht der Gesundheit ein Leck.

11. Dezember
Arthur, Damasus, David, Ida, Tassilo, Trason, Daniel

Donnert's im Dezember gar,
bringt viel Wind das nächste Jahr.

Vor Advent den Donnerschlag
das Korn gar wohl vertragen mag.

12. Dezember
Dietrich, Hartmann von Brixen, Johanna Franziska, Vizelin

Sturm im Dezember und Schnee,
dann schreit der Bauer Juchhe.

Dezember kalt mit Schnee –
niemand sagt o weh!
Dezember warm –
dass Gott erbarm.

13. Dezember (Lostag)
Luzia, Ottilia, Benno, Emo, Jodok, Eugen, Hariol

Stolziert die Gans an Luzia im Dreck,
geht sie am Christtag auf Eis.

Kommt die heilige Luzia,
findet sie die Kält schon da.

14. Dezember
Bertold von Regensburg, Franziska, Johannes vom Kreuz, Spiridon

Hockt das Häschen mit Berthold im Schnee,
frisst es an Ostern schon den Klee.

Wenn es vor Weihnachten nicht vorwintert,
so wintert es im Frühjahr nach.

15. Dezember
Christiana, Ignaz, Wunibald, Cälian, Valerian, Fortunatus

Wind und Nebel in den Dezembertagen
tun ein nasses Jahr ansagen.

Steckt die Krähe vor Weihnachten im Klee,
so sitzt sie um Ostern im Schnee.

16. Dezember
Adelheid, Ado, Albine, Tanko, Rainald, Eusebius, Hartmann

Die Adelheid macht große Freud,
wenn es dicke Flocken schneit.

Dezember lind und nass
gibt leere Speicher und Fass.

17. Dezember

Yolanda, Brunhilde,
Abt Sturmius von Fulda

Laufen die Haselmäuse,
fehlt es im Januar am Eise.

Mehr Kälte als der Fichtenbaum
erträgt der Rebstock lobesam,
wenn im Christmond trocken er
einfriert.

18. Dezember

Wunibald, Philipp, Desideratus,
Gratianus, Sibilla, Cantianus

Einem Dezember mit tüchtigem Schnee
folgt ein fruchtbares Jahr mit üppigem
Klee.

Wie der Dezember pfeift,
so tanzt das Frühjahr.

19. Dezember

Abraham, Fridbert, Urban, Konrad
von Liechtenau, Nemesius

Nässe schadet der Saat mehr vor als nach dem Weihnachtstag.

Christmond kalt mit Schnee
gibt Korn auf jeder Höh.

20. Dezember
Amon, Christian, Eido, Heinrich, Holger, Regina, Vitus

Wenn den Christian recht friert,
Maria im Schnee gebiert.

Im Dezember sollen Eisblumen blühn,
Weihnachten sei nur auf dem Tische grün.

21. Dezember (Losnacht)
Winteranfang
Bezala, Anastasius, Severin, Heinmar, Flavia, Thomas

Thomas dreht die Stund um.

Taut im Dezember das Eis schon auf,
gibt's wetterwendischen Jahreslauf.

22. Dezember
Demetrius, Bertheid, Jutta von Sponheim, Marian, Zeno

Friert's am kürzesten Tag im Jahr,
ist's an Weihnachten hell und klar.

Sind im Dezember die Nächte hell und klar
und besonders die Milchstraße hell schimmernd,
so soll große Fruchtbarkeit folgen.

23. Dezember
Agnes, Dagobert, Gregor, Johannes von Krakau, Viktoria, Thorlak

Vor Weihnachten viel Wasser –
nach Johanni *(24. Juni)* kein Brot.

Schnee vor der Christnacht bringt eine gute Hopfenernte.

24. Dezember (Lostag)
Heiligabend
Adam und Eva, Adela, Erkenbert, Irmina, Christoph

Wie die Witterung zu Adam und Eva,
so pflegt sie bis Ende des Monats zu sein.

Ist die heilige Christnacht klar,
so hoffe auf ein gutes Jahr.

Christnacht hell und schön –
soll der Segen zu Lande gehn.

Wer Weihnachten
in der Sonne begeht,
zu Ostern an dem Feuer steht.

Nebel in der heiligen Nacht
einen heiteren Karneval macht.

Hängt zu Weihnachten Eis
an den Weiden,
kannst du zu Ostern Palmen schneiden.

Wenn es um Weihnachten schneit,
dann der Hopfen gut gedeiht.

Windige Weihnacht verspricht einen reichen Obstsegen.

Klappern die Bäume von Eis in den Weihnachtstagen,
so werden sie im nächsten Jahr viele Früchte tragen.

Ist Weihnachten gelind,
erst im Januar die große Kälte beginnt.

Ist Weihnachten kalt,
kommt der Winter hart und der Frühling bald.

Weihnachten gefroren und klar
gibt ein gutes Weinjahr.

Wenn vor Weihnachten der Rhein friert zu,
so friert er dann noch zweimal zu.

Vom Eise eine Brücke muss
zu Weihnachten haben Bach und Fluss.

Wenn die Christnacht fällt in den
wachsenden *(zunehmenden)* Mond,
so gibt's ein Jahr, das sich lohnt.

Zu Weihnachten der Mondenschein
meint's für Scheuer und Keller fein.

Wenn um Weihnachten sich der Wein
im Fass erhebt,
den Winzer die Hoffnung auf ein gutes
Weinjahr belebt.

Hat's Weihnachten Fliegen,
so hat es zu Ostern Eisschollen.

Wenn's Christkindlein Tränen weint,
vier Wochen keine Sonne scheint.

Ist es grün zur Weihnachtsfeier,
fällt der Schnee auf d'Ostereier.

25. Dezember (Lostag)
Geburt des Herrn, Christtag
Anastasia, Eugenia, Theresia

Scheint die Sonn am Christtag
hell und klar,
so hofft man auf ein gutes Jahr.

Grüner Christtag, Ostern weiß –
der Regen verwüstet des Landmanns
Fleiß.

Ist's zum Christfest feucht und nass –
leere Scheuer, leeres Fass.

Der heilige Christ
hat zur Eisbrück gelicht;
sollt sie nicht sein,
so beschert er sie ein.

Der Tag wächst von Weihnacht
bis Neujahr:
so weit als die Mücke gähnt;
von Weihnacht bis zum heiligen
Dreikönigsfest:
so weit als der Hahn schreitet;
und von da bis Lichtmess:
so weit der Hirsch springt.

Wenn man an Weihnachten näht,
wird ein Blinder geboren.

Wer will fette Ochsen schlachten,
muss sie fett han bis Weihnachten.

Weihnachtskälber und Osterferkel machen die Bauern reich und weise.

Wenn man Holz um Weihnachten,
Korn um Pfingsten
und Wein um Bartholomäi kauft,
da wird Schmalhans Küchenmeister.

Wenn das Christkind ist geboren,
haben Rüben und Möhren den
Geschmack verloren.

26. Dezember (Lostag)
Zweiter Weihnachtsfeiertag
Stephanus, Dionysius, Thiemo

Der Stephanstag soll windstill sein,
sonst gibt es wenig guten Wein!

War's windig an den
Weihnachtstagen,
werden die Bäume viele Füchte tragen.

27. Dezember
Johannes Evangelist, Edburg, Ezzo,
Fabiola, Walto

War's auf Weihnacht arg gelind,
sich sicher noch viel Kält einfind.

Je dicker das Eis um Weihnacht liegt,
je zeitiger der Bauer Frühling kriegt.

28. Dezember (Lostag)
Unschuldige Kinder
Franz, Hermann, Otto Castor, Cäsarius

Haben's die unschuldigen Kindlein
kalt,
so weicht der Frost noch nicht so bald.

Schlagen die Nachtigallen in den
Stuben nach Weihnachten schon,
so wird der Frühling bald kommen.

29. Dezember

David, Jonathan, Lothar, Tamara, Egwin, Isai

Wie sich's Wetter vom Christtag bis Dreikönig hält,
ist es das ganze Jahr bestellt.

Von Weihnachten bis auf Dreikönigstag
aufs Wetter man wohl achten mag;
ist's regen-, nebel- und wolkenvoll,
viel Krankheit es erzeugen soll.

30. Dezember

Felix I., German, Richard, Sabinus, Reiner, Luitberga

Je trüber und nasser die Wintertage, desto mehr Arbeit für den Leichenwagen.

Der Winter ist ein unwerter Gast für alte Leute.

31. Dezember (Lostag)

Silvester, Apollonia, Balduin, Gunther, Maro, Melanie

Silvesterwind und warme Sonn' verdirbt die Hoffnung auf Wein und Korn.

Silvesternacht Wind, früh Sonnenschein –
bringt keinen guten Wein.

Raureif auf der Flur
ist der milden Witterung Spur.

Schneit es klein und fein,
wird anhaltend die Kälte sein;
schneit es aber große Flocken,
hat der Winter leise Socken.

Die Adventstage

Wenn's in der ersten Adventswoche gut Wetter ist,
so bleibt's gut bis Weihnachten.

Viel Wind soll's zeigen an,
wenn's im Advent noch donnern kann.

Wenn's donnert im Advent,
der Raps danach verbrennt.

Wenn die Kälte in der ersten Adventswoche kam,
so hält sie zehn Wochen an.

Wenn Winde wehen im Advent,
so wird uns vieles Obst gesend't.

Die zwölf Raunächte

Die zwölf Tage und Nächte zwischen Weihnachten und dem Dreikönigstag sollen ebenfalls entscheidend für das Wetter in den Wintermonaten wie auch für das kommende Jahr sein. Zudem: in Süddeutschland wie in den angrenzenden Alpenländern werden ihnen gar geheimnisvolle Kräfte zugeschrieben, in denen vor allem böse Geister und Hexen Gewalt über Mensch und Tier haben sollen. Der gläubige Mensch schützt sich mit Ge-

Die Auf- und Untergangszeiten von Sonne und Mond entsprechen der mitteleuropäischen Zeitmessung (MEZ) unter Berücksichtigung von Sommer- (MESZ) und Winterzeit. Sie sind am Beispiel Kassel für das Jahr 2000 angegeben und können in den folgenden Jahren geringfügig abweichen.

beten, Weihwasser und Ausräuchern der Wohnräume wie Stall und Hof vor diesem nächtlichen Spuk. Diese „Raunächte" wurden früher auch mit „Kalten Hundstagen" bezeichnet.

Überliefert sind uns dazu folgende Bauern- und Wetterregeln:

Von Weihnachten bis Dreikönigstag
aufs Wetter man wohl achten mag.

Ist's regen-, nebel-, wolkenvoll,
viel Krankheit es erzeugen soll;
leb mit Vernunft und Mäßigkeit,
bist du vor allem Wetter wohl gefeit.

Wenn der Wind nicht wehet
in den zwölf Nächten, damit sich die Bäume rammeln, so tragen sie auch nicht.

Wenn in den Zwölfen der Wind stark geht, gibt es viel Obst.

Serviceteil

Deutscher Wetterdienst

Deutscher Wetterdienst (DWD)
Zentrale
Kaiserleistraße 29/35
63067 Offenbach am Main
Tel.: (0049) (0) 69 / 80 62-0
Fax: (0049) (0) 69 / 80 62 - 44 84
E-Mail: info@dwd.de
Internet: www.dwd.de

Niederlassungen des Deutschen Wetterdienstes

DWD Hamburg
Tel.: (0049) (0) 40 / 66 90 - 0
Fax (0049) (0) 40 / 66 90 - 1735
E-Mail: dwd.hamburg@dwd.de

DWD Potsdam
Tel.: (0049) (0) 33 / 13 16 - 0
Fax: (0049) (0) 33 / 13 16 - 291
E-Mail: dwd.potsdam@dwd.de

DWD Essen
Tel.: (0049) (0) 20 / 14 374 - 0
Fax: (0049) (0) 20 / 14 374 - 105
E-Mail: dwd.essen@dwd.de

DWD Leipzig
Tel.: (0049) (0) 342 / 97 98 9 - 0
Fax: (0049) (0) 342 / 97 98 9 - 273
E-Mail: dwd.leipzig@dwd.de

DWD Stuttgart
Tel.: (0049) (0) 711 / 95 52 - 0
Fax: (0049) (0) 711 / 95 52 - 141
E-Mail: dwd.stuttgart@dwd.de

DWD München
Tel.: (0049) (0) 89 / 15 93 8 - 0
Fax: (0049) (0) 89 / 15 93 8 - 141
E-Mail: dwd.muenchen@dwd.de

Abteilungen des Deutschen Wetterdienstes

Flugmeteorologie
Tel.: (0049) (0) 69 / 80 62 - 26 95
Fax: (0049) (0) 69 / 80 62 - 20 14
E-Mail: luftfahrt@dwd.de

Seeschifffahrt
Tel.: (0049) (0) 40 / 66 90 - 19 11
Fax: (0049) (0) 40 / 66 90 - 19 46
E-Mail: seeschifffahrt@dwd.de

Klima- und Umweltberatung
Tel.: (0049) (0) 69 / 80 62 - 29 12
Fax: (0049) (0) 69 / 80 62 - 29 93
E-Mail: klima@dwd.de

Medizin-Meteorologie
Tel.: (0049) (0) 761 / 28 20 2 - 0
Fax: (0049) (0) 761 / 28 20 2 - 77
E-Mail: med-met@dwd.de

Hydrometeorologie
Tel.: (0049) (0) 69 / 80 62 - 29 83
Fax: (0049) (0) 69 / 80 62 - 39 87
E-Mail: hydromet@dwd.de

Agrarmeteorologie
Tel.: (0049) (0) 69 / 80 62 - 44 08
Fax: (0049) (0) 69 / 80 62 – 44 82
E-Mail: landwirtschaft@dwd.de

Wettervorhersagen und Beratungsstellen

Ihr 24-Stunden-Kontakt zum Meteorologen vom Dienst. Die Beratung ist in der Regel entgeltpflichtig.

Deutschland:
Tel.: (0049) (0) 69 / 80 62 - 33 33

Schleswig-Holstein, Hamburg, Bremen, Niedersachsen:
Tel.: (0049) (0) 40 / 66 90 - 17 00

Mecklenburg-Vorpommern, Berlin, Brandenburg:
Tel.: (0049) (0) 33 /13 16 - 255

Nordrhein-Westfalen:
Tel.: (0049) (0) 20 / 14 37 4 - 100

Hessen, Rheinland-Pfalz, Saarland:
Tel.: (0049) (0) 69 / 80 62 - 25 49

Thüringen, Sachsen-Anhalt, Sachsen:
Tel.: (0049) (0) 342 / 97 98 9 - 131

Baden-Württemberg:
Tel.: (0049) (0) 711 / 95 52 - 0

Bayern:
Tel.: (0049) (0) 89 / 15 93 8 - 0

Österreich

ZAMG Österreichische Zentralstelle für Meteorologie und Geodynamik
Hohe Warte 38
A – 1190 Wien
Tel.: (0043) 1 36 02 62 003
Fax: (0043) 1 36 91 233
www.zamg.ac.at
Außenstellen der Zentralanstalt befinden sich in Innsbruck:
Tel.: (0043) 995 28 17 38
in Klagenfurt: Tel.: (0043) 994 41 443
in Salzburg: Tel.: (0043) 996 26 301

Schweiz

Meteo Schweiz
Krähbühlstr. 58
CH – 8044 Zürich
Tel.: (0041) 44 25 69 111
Fax: (0041) 44 25 69 278
www.meteoschweiz.admin.ch
Die folgenden Regionalwetterzentralen geben auch Auskunft auf telefonische Anfragen:
Landes- und Regionalwetterzentrale
Krähbühlstr. 58
CH – 8044 Zürich
Tel.: (0041) 1 25 69 270
Centre météorologique Cointrin
Aéroport Genéve-Cointrin
Case postale 312
CH – 1215 Genéve 15
Tel.: (0041) 22 79 82 425
Osservatorio Ticinese
Via ai Monti
CH – 6605 Locarno-Monti
Tel.: (0041) 93 32 63 11

England

Royal Meteorological Society
104 Oxford Road
GB-Reading
RG 17 LL
England
Tel.: 0044 (0) 118 / 956 85 00
Fax: 0044 (0) 118 / 956 85 71
E-Mail: chiefexe@rmets.org

Weltweit

World Meteorological Organization
7 bis, avenue de la Paix
Casa postale No. 2300
CH-1211 Geneva 2
Switzerland
Tel.: 0041 (0) 22 / 730 81 11
Fax: 0041 (0) 22 / 730 81 81

Wetterdienste im Internet

Teilweise sammeln sie von 1,5 Millionen Orten der Welt ihre Daten für die Wettervorhersagen für Deutschland, Europa und die Welt: die Anbieter der Wetter-Webseiten im Internet. Zudem vermitteln sie ständig aktualisiert die Wettertrends. Allein der Marktführer www.wetter-online.de kann sich monatlich über 200 Millionen Seitenaufrufe freuen.

Die gängigsten Wetter-Websites im deutschsprachigen Raum:

www.wetter.de

www.wetter.com

www.wetter-online.de

www.wetter.net

www.wetter24.de

www.wetter.t-online.de

www.wetter123.com

www.wetter.donnerwetter.de.

Verwendete Literatur

Au, Franziska von der: Der große Aussaatkalender. Ludwig Buchverlag, München 1996

Binder, E. M., Bitsch, H.: Bauern, Häusler, Ökowirte. NPV-Verlag, Passau 1992

Dirks, H.: Das Wetter. Max Kraxenberger-Verlag, München 1991

Pastor Eilert: Deutsche Volksweisheiten in Wetterregeln und Bauernsprüchen. Deutsche Landbuchhandlung, Berlin 1934

Eimern, J. van, Häckel, H.: Wetter- und Klimakunde. 4. Aufl. Verlag Eugen Ulmer, Stuttgart 1984

Flesch, H. W.: Ewig währender Kalender des Simplicissimus. Erb-Verlag, Düsseldorf 1982

Häckel, H.: Wetter- und Klimaphänomene. Ulmers Naturführer. Verlag Eugen Ulmer, Stuttgart 2007

Köhnlechner, M. (Hrsg.): Wetterbeschwerden. Heyne-Verlag, München 1989

Körber, H.-G.: Vom Wetterglauben zur Wetterforschung. Edition Leipzig, Leipzig 1989

Kostenzer, H., Kostenzer, O.: Bauernweisheiten, Bauernregeln. Humboldt-Verlag, München 1995

Malberg, H.: Bauernregeln. Aus meteorologischer Sicht. 4. Aufl. Springer-Verlag, Berlin, Heidelberg, 2003

Malberg, H., Carpenter, C.: Das neue Guiness-Buch Wetter. Ullstein-Verlag, Frankfurt/M., Berlin 1995

NOSARI, J.: Sonne, Wind und Regen – eine kleine Wetterkunde. Ullstein, Frankfurt/M., Berlin, Wien 1982

REIMICHLS Volkskalender für das Jahr 1988. Verlagsanstalt Athesia, Bozen 1987

SALZBURGER BAUERNKALENDER für das Jahr 1999. Salzburger Preßverein (Hrsg.), Salzburg 1999

UNSER GARTEN. Tele-Manuskriptdienst zur BR-Sendereihe „Unser Land" der Jahre 1982/83

WAURISCH, B.: Altdeutsche Bauernregeln im Verlauf des Jahres. Oberlausitzer Verlag, Waltersdorf 1993

Weiterführende Literatur

AU, FRANZISKA VON DER: Bauernregeln und Naturweisheiten. Tag für Tag. Cormoran-Verlag, München 2002

BAUERN-REGELN. Unipot Media GmbH, Offenbach 1998

FETZER, D.: Volksweisheiten und Bauernregeln. Gondrom-Verlag, Bindlach 1990

HÄCKEL, H.: Meteorologie. Verlag Eugen Ulmer, Stuttgart 2008

HÄCKEL, H.: Farbatlas Wetterphänomene. Verlag Eugen Ulmer, Stuttgart 1999

HAMBLY, RICHARD: Die Erfindung der Wolken. Insel-Verlag, Frankfurt/M., Leipzig 2003

OSTEN, A.: Leben nach Bauernregeln. Tosa-Verlagsgesellschaft, Wien 1998

WALCH, D., NEUKAMP, E.: Wolken, Wetter. Gräfe und Unzer-Verlag, München 1998

Zeichnungen

Die Zeichnungen stammen aus Eugen Diederichs (Hrsg.): Deutsches Leben der Vergangenheit in Bildern. Ein Atlas mit 1760 Nachbildungen alter Kupfer- und Holzschnitte aus dem 15. bis 18. Jahrhundert. Band I und II. Eugen Diederichs, Jena 1908.

Register

Impressum

Titelfoto: Reinecke/cmi/mediacolors

Bibliografische Information der Deutschen Nationalbibliothek
Die Deutsche Nationalbibliothek verzeichnet diese Publikation in der Deutschen Nationalbibliografie; detaillierte bibliografische Daten sind im Internet über http://dnb.d-nb.de abrufbar.

Wollgrasweg 41, 70599 Stuttgart (Hohenheim)
E-Mail: info@ulmer.de
Internet: www.ulmer.de
Lektorat: Dr. Barbara Dinkelaker, Carola Pröbstle, Anke Ruf
Herstellung: Jürgen Sprenzel
Umschlagentwurf: red.sign, Anette Vogt, Stuttgart
Satz: Doppelpunkt, Stuttgart
Druck und Bindung: Firmengruppe APPL, aprinta Druck, Wemding
Printed in Germany

ISBN 978-3-8001-5885-0